金工实训

主　编　杨广明　黄晓燕　卢　杰
副主编　吴伟龙　薛晓红
主　审　张进春

重庆大学出版社

内容提要

本书共七章，内容包括钳工实训、车工实训、铣削实训、磨削实训、铸造实训、焊接实训及机械拆装实训。每章根据实训类别不同，均包含实训要求、相关知识点、基本操作技能、设备介绍、工具介绍及实训任务等。本书是学生在实训过程中的操作指南，也是教师指导实训、布置实训任务的依据。在每一章节中，都编有要求学生完成的实训项目(任务)，实训指导教师可根据所在学院的实习、实训条件，选用其中的实习、实训项目。

本书可作为普通高等院校、高等职业院校或中等职业院校机械类专业及其他相关专业的实习、实训指导用书，也可供工程技术人员使用或参考。

图书在版编目(CIP)数据

金工实训/杨广明，黄晓燕，卢杰主编. --重庆：重庆大学出版社，2020.8(2023.2 重印)
ISBN 978-7-5689-2334-7

Ⅰ.①金… Ⅱ.①杨… ②黄… ③卢… Ⅲ.①金属加工—实习—高等职业教育—教材 Ⅳ.①TG-45

中国版本图书馆 CIP 数据核字(2020)第 133196 号

金工实训

主　编　杨广明　黄晓燕　卢　杰
副主编　吴伟龙　薛晓红
主　审　张进春

策划编辑：周　立
责任编辑：李定群　　版式设计：周　立
责任校对：谢　芳　　责任印制：张　策

*

重庆大学出版社出版发行
出版人：饶帮华
社址：重庆市沙坪坝区大学城西路 21 号
邮编：401331
电话：(023)88617190　88617185(中小学)
传真：(023)88617186　88617166
网址：http://www.cqup.com.cn
邮箱：fxk@cqup.com.cn(营销中心)
全国新华书店经销
重庆魏承印务有限公司印刷

*

开本：787mm×1092mm　1/16　印张：9　字数：233 千
2020 年 8 月第 1 版　　2023 年 2 月第 2 次印刷
ISBN 978-7-5689-2334-7　定价：39.00 元

前言

为了全面落实国家职业教育的各项方针政策，适应职业教育发展的新形势，培养高等技术应用型人才，根据高职高专机电类专业学生金工实训的要求，结合多年来，尤其是近几年的实践教学经验，本着学以致用的原则，组织编写了此书。

高职高专机电类的毕业生需要有生产第一线工作，要求学生了解生产第一线的工艺装备、生产流程、工艺过程、质量控制等内容。因此，要求学生在低年级时必修"机械制造基础"课程，并完成2~4周的金工实训。本书是学生在实训过程中的操作指南，也是教师指导实训、布置实训任务的依据。在每一章节中，都编有要求学生完成的实训项目，实训指导教师可根据所在学院的实习、实训条件，选用其中的实训项目。

编写本教材的分工：杨广明主要负责项目二（车工实训）、项目三（铣削实训）、项目四（磨削实训）等内容的编写；黄晓燕主要负责项目一（钳工实训）的编写；卢杰主要负责项目六（焊接实训）的编写；吴伟龙主要负责项目五（铸造实训）的编写；薛晓红主要负责项目七（机械拆装实训）的编写。

本教材的特点：遵循"突出技能、够用为准"的原则，以工作过程为导向，注重对学生技能方面的培养；围绕实际操作，编写相关知识要点。

编　者

2020年3月

目录

第一章 钳工实训

钳工是机器装配、调试及各类机械维修的主要工种。钳工以手工操作为主,主要是利用台虎钳、各种手动工具和一些机械工具完成某些零件的加工、部件和机器的装配与调试、机械设备的维护和修理等工作。钳工具有简单、加工灵活、适用面较广等特点,能完成机床难以加工或精密、超精密的加工,如形状复杂、精度要求高的量具、模具、样板及夹具等的加工。

钳工的任务是多方面的,且具有较强的专业性。一台机械是由许多不同零件组成的,这些零件加工完成后,需由钳工进行装配。在装配过程中,一些零件往往还需经过钳工钻孔、攻螺纹、配键等补充加工后才能装配,甚至有些精度并不高的零件还需经过钳工仔细修配,从而达到较高的装配精度。另外,使用时间较久的机器,其自然磨损或事故损坏都会直接影响机器的工作精度和使用性能,此时应根据磨损或损坏的程度由钳工进行修理。除此之外,精密的量具、样板、夹具及模具等的制造都离不开钳工的加工。

钳工基本操作包括零件测量、划线、錾削、锯削、锉削、钻孔、扩孔、镗孔、铰孔、攻螺纹、刮削、研磨、矫直、弯曲、铆接、钣金、下料及装配等。

随着机械工业的发展,钳工的工作范围日益广泛,需要掌握的知识和技能也越来越多,以至形成了钳工专业的分工,如普通钳工、划线钳工、修理钳工、装配钳工、模具钳工、工具样板钳工及钣金钳工等。

一、实训要求

①了解钳工及装配车间的生产安全技术。

②了解在零件加工、机械装配及维修中钳工工作的作用、特点和应用。

③能正确使用钳工常用的工具、量具。

④掌握钳工主要工作的基本操作方法,并能按图样独立加工较简单零件。

⑤了解刮削、扩孔、铰孔及攻丝的加工方法和应用。

⑥熟悉装配的概念及简单部件的装拆方法,完成简单部件的装拆工作。

⑦遵守安全技术和文明生产的基本要求。

a. 实训操作时,学生必须穿工作服;女生要求戴工作帽;不穿拖鞋;操作车床时,严禁戴手套。

b. 使用电器设备时,严格遵守操作规程,防止漏电、触电。

c. 使用前，要检查设备。如发现设备损坏或其他故障时，应停止使用，并报告指导教师。

d. 使用砂轮机时，操作者应站在砂轮的侧面或斜对面。

e. 使用钻床时，要夹紧工具和工件，合理选择切削用量。

f. 清理铁屑要用刷子，禁止用手直接清除，更不能用嘴吹，防止割伤手指或屑末飞入眼睛。

g. 做到文明生产(实训)，工具分类放置，用后及时维护、存放；精密的工具、量具轻拿轻放；工件、毛坯和原材料应堆放整齐。

h. 保持工作环境整洁，下班前清理工具、打扫场地。

二、相关知识点

1. 钳工常用量具

钳工常用量具有钢直尺、游标卡尺、千分尺、百分表及千分表等。

2. 钳工常用设备

钳工常用设备有钳工工作台(又称钳桌、钳台)、台虎钳和砂轮机，如图 1.1、图 1.2 所示。

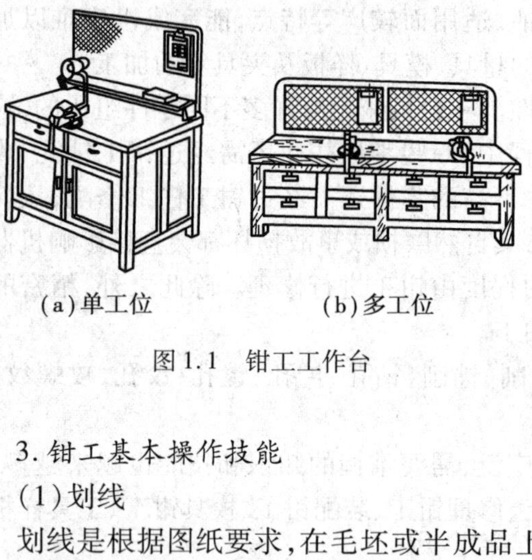

(a)单工位　　(b)多工位

图 1.1　钳工工作台

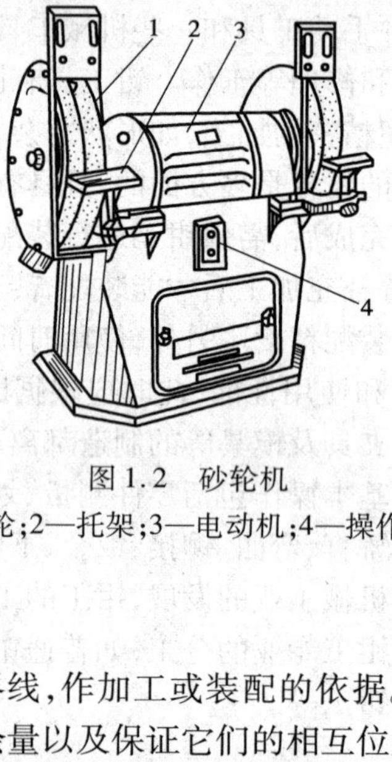

图 1.2　砂轮机

1—砂轮；2—托架；3—电动机；4—操作按钮

3. 钳工基本操作技能

(1)划线

划线是根据图纸要求，在毛坯或半成品上划出加工界线，作加工或装配的依据。通过划线，可检查毛坯的尺寸是否合格，分配毛坯各加工表面的余量以及保证它们的相互位置精度。

划线的技能要求是：掌握基本的划线方法及划线工具的正确使用、保养和维护。

划线可分为平面划线和立体划线，如图 1.3 所示。

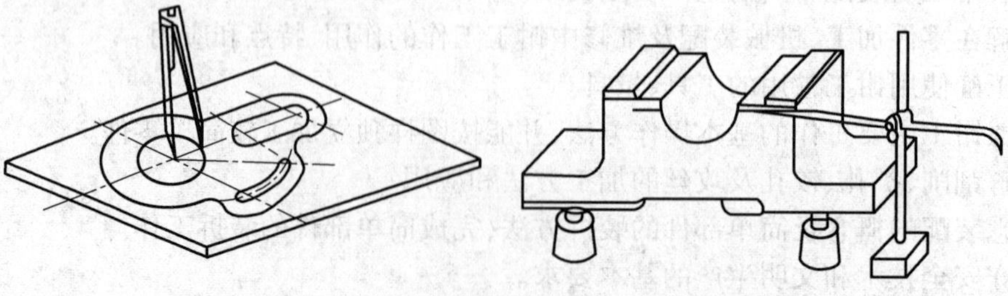

(a)平面划线　　(b)立体划线

图 1.3　平面划线和立体划线

1)划线工具及其使用方法

①划线平板

划线平板是用来安放工件和划线的主要基准工具,如图 1.4 所示。它通常用铸铁制成,其上表面是划线的基准平面,一般经刨削和刮研处理。平板安置要牢固,其上平面要水平,以便支承工件。平板各处要均匀使用,以免局部磨损,影响划线精度。要轻放工具和工件,不准碰撞和敲击其上表面,并保持清洁。划线平板长期不用时,应涂防锈油,用木板护盖盖住。

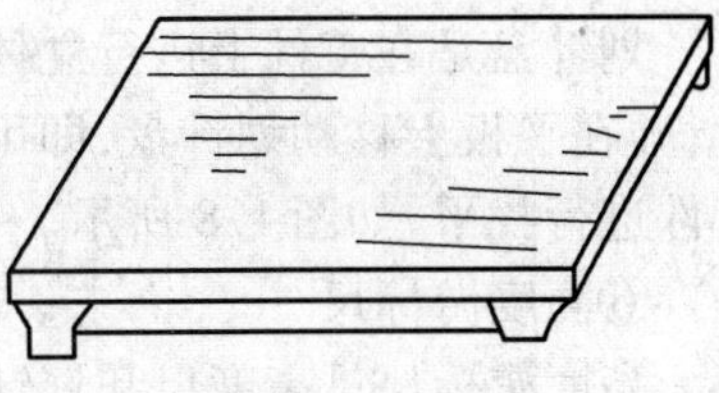

图 1.4　划线平板

②方箱

方箱是用铸铁制成的空心立方体,相邻各面相互垂直。方箱上表面有 V 形槽,用来安装轴类、筒类等圆形工件,以便找正并划出中心线。方箱用于尺寸较小而加工面较多的工件划线,如图 1.5 所示。

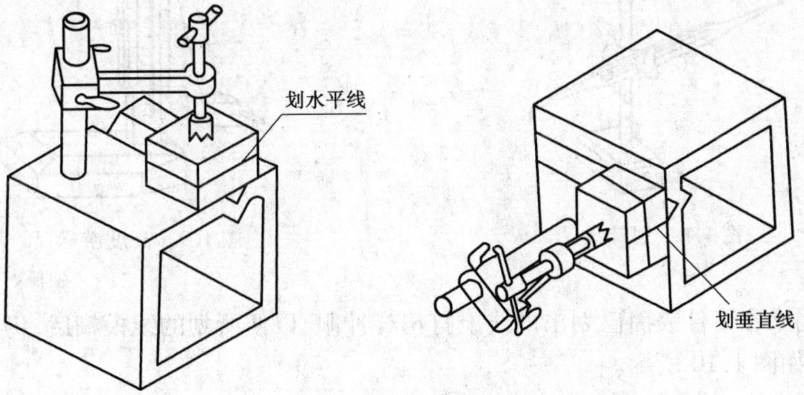

图 1.5　方箱划线

③V 形铁

V 形铁主要用来支承工件的外圆柱面,如图 1.6 所示。V 形铁相邻各边相互垂直,V 形槽为 90°角。一般 V 形铁是两块为一副,其尺寸和形状相同。对长轴类工件划线时,工件应放置在等高的两个 V 形铁上,以保证工件轴心线与划线基面平行。

④千斤顶

在较大的工件或不规则的工件上划线时,通常用高度可调的千斤顶来支承工件,以便找正。千斤顶的顶端有圆锥形和 V 形两种,以便能牢固地支承平面和圆弧面的工件,如图 1.7 所示。

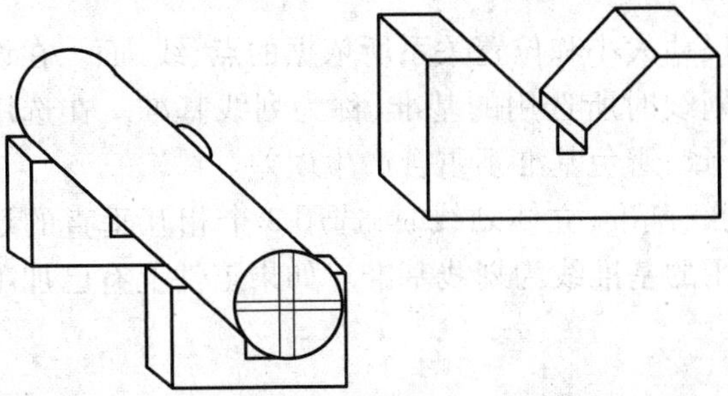

图 1.6　V 形铁支承工件

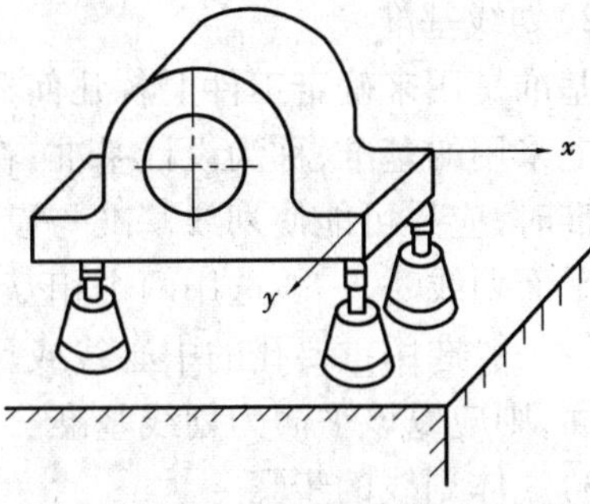

图 1.7　千斤顶及其使用

⑤划针盘

划针盘是在工件上进行立体划线和校正工件时常用的工具。划线时,调节划针到一定高度,并在平板上移动划针盘,即可在工件上划出与平板平行的线条。此外,还可利用划针盘对工件进行找平,如图 1.8 所示。

⑥高度游标尺

高度游标尺是高度尺和划针盘的组合。它既是精密量具,又是工具,用于半成品或光坯划线,但不能用于毛坯划线,如图 1.9 所示。

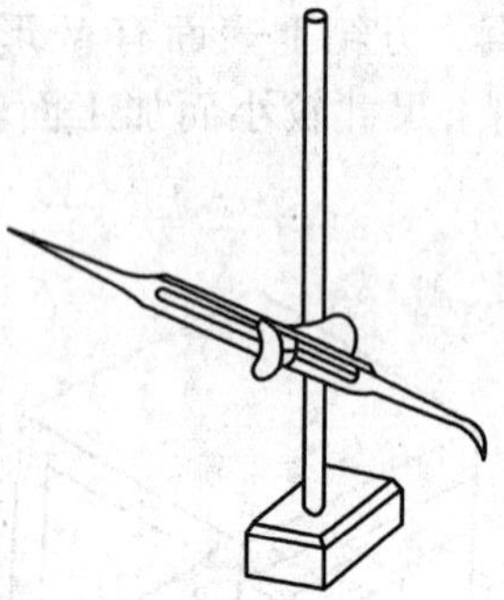

图 1.8　划针盘

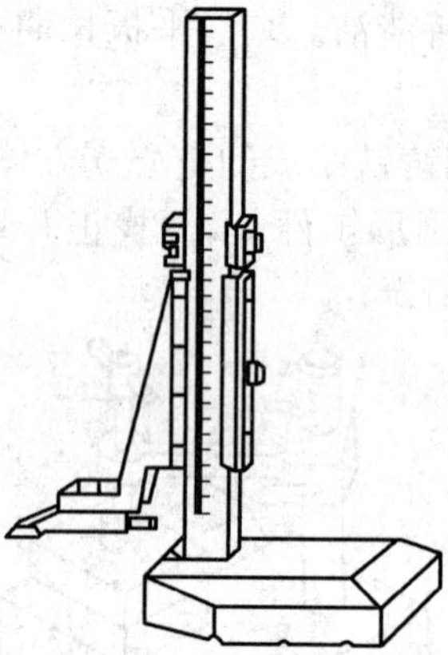

图 1.9　高度游标尺

⑦样冲

样冲是用来在工件表面已划出的线上打出样冲眼,以便所划的线模糊后,仍能准确找出原划线的位置,如图 1.10 所示。

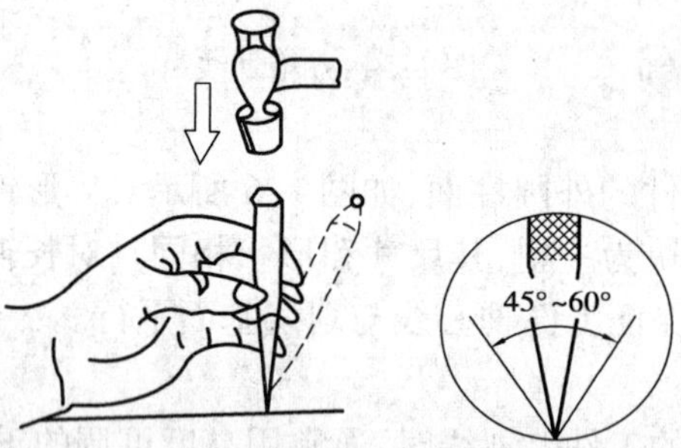

图 1.10　样冲及其使用

2)划线基准

基准是用来确定工件上各几何要素间的尺寸大小和位置关系所依据的点、线、面。在设计图样上采用的基准,称为设计基准;在工件上划线时所选用的基准,称为划线基准。在选用划线基准时,应尽可能使划线基准与设计基准一致,避免基准不重合产生误差。

平面划线时,一般选用两个相互垂直的划线基准;立体划线时,选用 3 个相互垂直的划线基准。一般选用重要孔的中心线或尺寸标注用的基准线为划线基准。如果工件上有已加工过的平面,则应以该平面为划线基准。

3)立体划线的步骤

立体划线的步骤如图 1.11 所示。

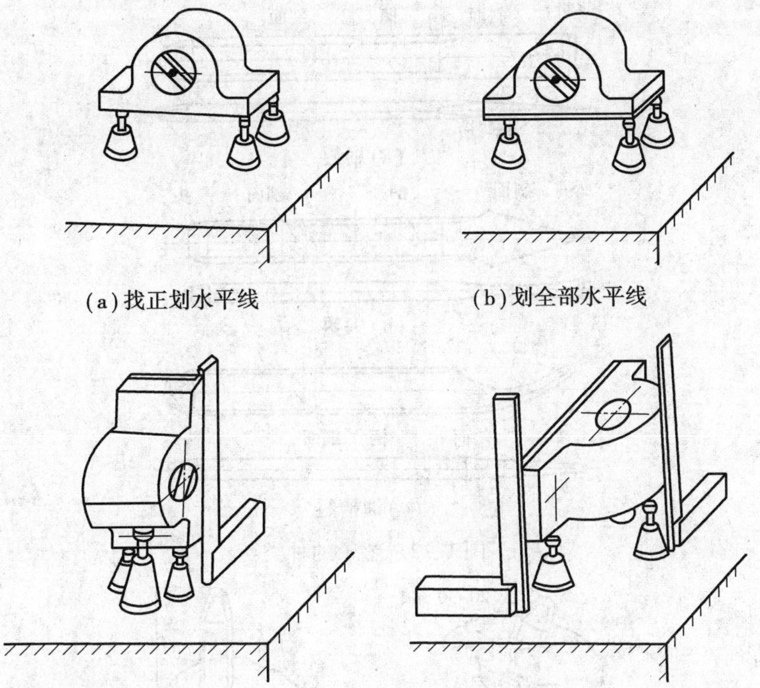

(a)找正划水平线　(b)划全部水平线

(c)翻转90°，划全部水平线　(d)翻转90°，用90°角尺找正划线

图1.11　立体划线示例

①分析图纸，确定划线基准。检查毛坯能否按正常划线方法划出所有的线。若不能，则需采用借料划线的方法。借料就是通过试划和调整，使各加工表面的余量互相借用，合理分配，从而保证各加工表面有足够的加工余量，使误差或缺陷在加工后得以消除。

②清理毛坯，在划线部分涂上涂料。

③在有孔的工件上划圆或等分圆周时，可用木板堵大孔，木板上再贴薄铁皮，用铅块堵小孔，以便定出孔的中心位置。

④用千斤顶支承找正工件，用划针盘或高度划线尺划出基准线，再划出其他水平线。

⑤翻转工件，用角尺找正工件，划出垂直线。

⑥逐一检查划出的线是否与图纸尺寸相符，然后打样冲眼。样冲眼主要打在交线位置和中心位置，应打在划线的正中间。毛坯件可打深一些，半成品应打浅一些。

(2)錾削

錾削是利用手锤锤打錾子对金属进行切削加工的方法。利用錾削可加工平面、沟槽、切断金属，以及除去毛坯的飞边、毛刺、浇冒口等。尽管錾削工作效率低，劳动强度大，但由于它所使用的工具简单，操作方便，因此，在许多不便于机械加工的场合应用较广泛。

1)錾削工具及其使用方法

①錾子。

錾子由头部、錾身和切削部分组成。它一般用碳素工具钢制造，切削部分淬硬。常用的錾子有扁錾、尖錾和油槽錾，如图1.12所示。

使用錾子时，通常用左手的中指、无名指和小指握持，大拇指和食指自然地接触錾子，如图1.13所示。

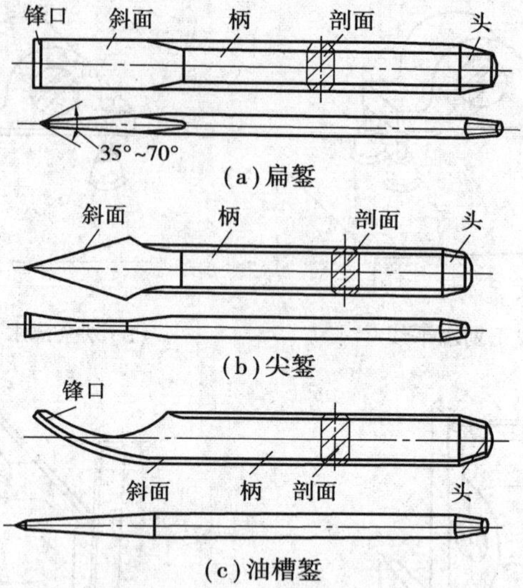

图 1.12　錾子的种类

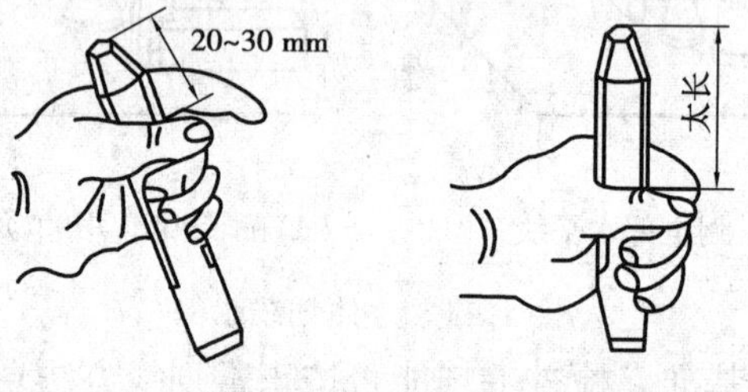

图 1.13　錾子的握法

②手锤

手锤由锤头、木柄和楔子组成。手锤是錾削工件和拆装零件时的重要工具。其规格用锤头质量表示,常用的约 0.5 kg。锤头有软硬之分。软锤头的材料通常为铜、硬木、铅或橡胶,多用于机器装配或校正;硬锤头通常用碳素工具钢锻造而成,并经淬火和回火处理。手锤木柄全长约 300 mm,截面形状为椭圆形。

使用手锤时,通常用右手拇指和食指,其余各指仅在锤击时才握紧,握锤要自然,如图1.14所示。

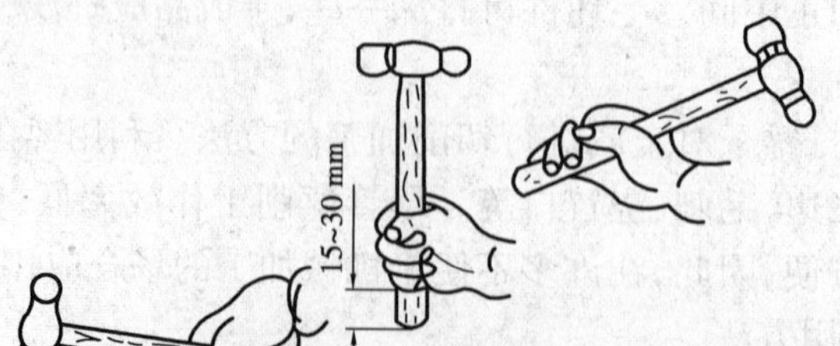

图 1.14　手锤的握法

2)錾削方法

①錾削姿势

錾削时,操作者的步位和姿势应便于用力,身体重心偏于右腿。挥锤自然,眼睛正视錾刃,如图 1.15 所示。

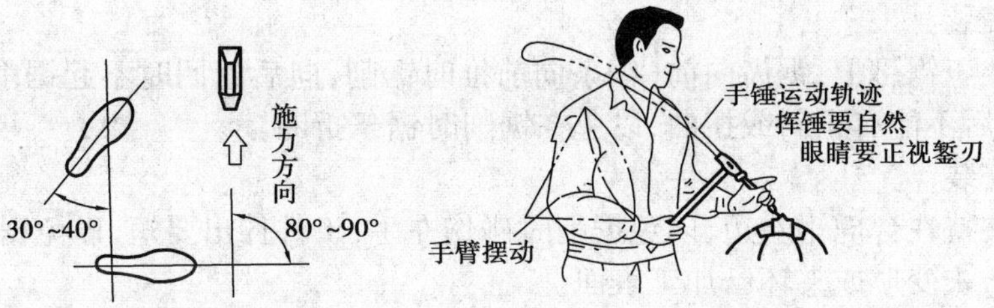

(a) 步位　　(b) 姿势

图 1.15　錾削时的步位及姿势

②錾削方法

起錾时，应从工件侧面的尖角处轻轻起錾，刃口要紧贴工件，錾子头部下倾，先錾出一个小斜面，再按正常錾削方法錾切。錾削到工件靠近尽头时，应调转工件，从另一端錾削掉剩余部分，以免损坏工件棱角，导致废品，如图 1.16 所示。

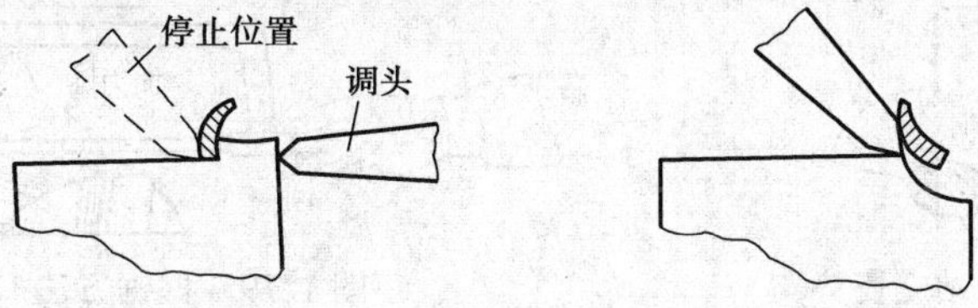

(a) 正确　　(b) 错误

图 1.16　錾削方法

③錾削操作时的注意事项

a. 工件夹持牢固，以免錾削时松动。

b. 錾子头部如有毛刺，应先在砂轮上磨掉，以免錾削时伤手。

c. 锤头与木柄不能松动，以免锤头飞出伤人。

d. 錾削用的工作台必须有防护网，以免錾屑伤人。

e. 禁止用沾油的手接触錾头端面。如果錾头有油，应及时擦掉，以免捶击时打滑。

(3) 锯削

锯削是利用手锯对工件或材料进行分割或锯槽的一种切削加工方法。它具有方便、灵活、简单，不需要任何辅助设备，以及不消耗动力等特点，在临时工地以及在切削异形工件、开槽、修整等场合应用广泛。

1) 锯削工具及其使用方法

手锯是锯削用的常用工具。它由锯弓和锯条组成。锯弓分为固定式和可调式两种，用于夹持和拉紧锯条。锯条由碳素工具钢或合金工具钢制成，并经热处理淬硬。锯条的规格以锯条两端安装孔的孔距表示。常用的手工锯条长 300 mm，宽 12 mm，厚 0.8 mm。锯条的切削部分由许多锯齿组成，如图 1.17 所示。

(a) 固定式　　(b) 可调式

图 1.17　锯弓的分类

2)锯削的操作方法

①锯条的安装

将锯条安装于锯弓上,锯齿向前(锯条向前推时锯削,向后返回时不起锯削作用);锯条松紧适当,安装好后不能有歪斜或扭曲,以免在锯削时锯条折断。

②工件的安装

工件通常夹持在台虎钳左边,以免锯削时碰伤左手;工件伸出要短,以免锯削时产生颤振;工件应夹紧并防止变形或夹坏已加工表面。

③锯削的姿势与握锯

锯削时,身体正前方与台虎钳中心线成大约45°角,右脚与台虎钳中心线成75°角,左脚与台虎钳中心线成30°角,如图1.18所示。握锯时,通常用右手满握锯弓手柄,左手控制锯弓方向。推力和压力的大小主要由右手掌握,左手压力不要太大,如图1.19所示。

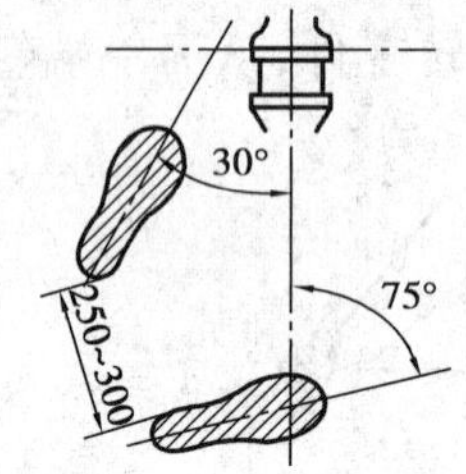

图1.18 站立姿势

图1.19 握锯方法

④锯削方法

锯削时,锯弓的运动方式有两种:一种是直线往复运动,适用于锯薄形工件或直槽;另一种是小幅度的上下摆动式,两手动作自然,不易疲劳,切削效率较高。

起锯是锯削工作的开始,起锯质量直接影响锯削质量。起锯分远起锯和近起锯,如图1.20所示。为避免锯条被棱边卡住崩断,常用远起锯方法。起锯时,应使锯条与工件表面垂直,并且压力小、行程短。

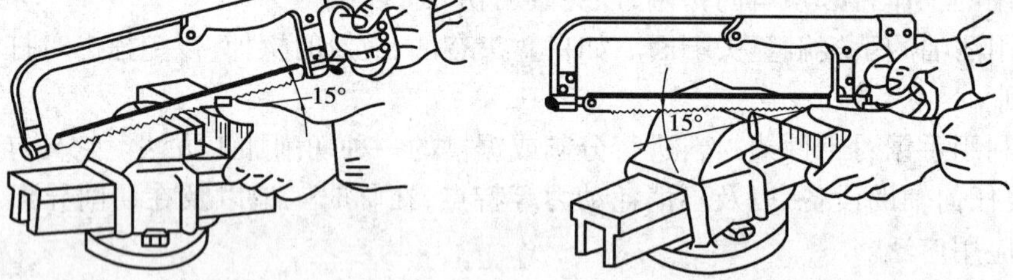

(a)远起锯　　(b)近起锯

图1.20 起锯方法

锯削时,锯弓应直线往复,避免摆动。前推时,加压力,用力均匀,保持水平往复;返回时,从工件的锯切表面轻轻滑过。锯削速度不能过快,通常每分钟往复20~40次为宜。速度过快,锯条易发热,磨损加剧;速度过慢,会影响锯削效率。当锯切材料快断时,适当放慢速度,减小行程和用力,并扶住断料。

⑤不同工件的锯削操作

实际操作时,工件的形状和结构不同,采用的锯削方法也有一定差异。

A.棒料的锯削操作

锯削棒料时,如果对断面平整度、光洁度要求较高,则应从一个方向起锯直到结束,即一次起锯;若对断面要求不高,为减小切削阻力和摩擦力,可在锯入一定深度后不断改变锯削方向直至锯断。

B. 管子的锯削操作

锯削前,把管子水平地夹持在台虎钳内,不能夹得太紧,以免管子变形;对薄壁管子或已精加工过的管子,应使用木制 V 形槽垫块夹持。锯削时,不能仅从一个方向锯削,以免锯齿被钩住而崩齿。正确的锯法是每个方向只锯到管子的内壁处,再把管子向推锯方向转过一定角度,继续沿原有锯缝锯削直到结束,如图 1.21 所示。

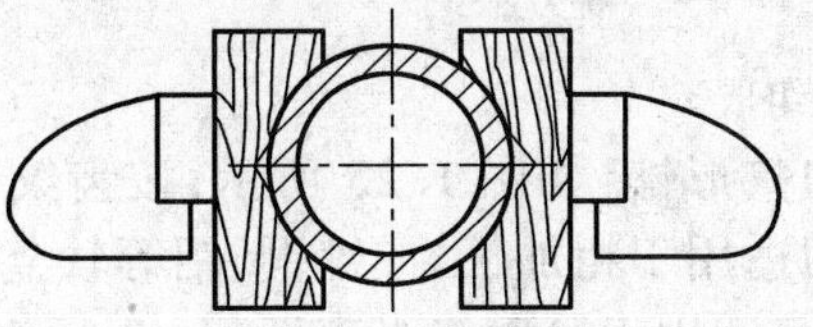

(a)管子的夹持

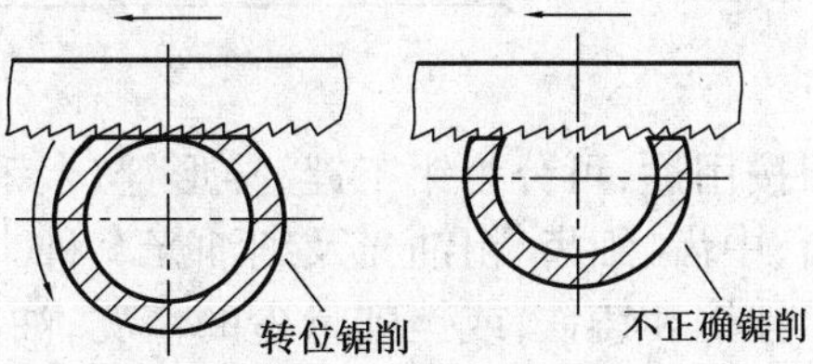

(b)管子的锯削

图 1.21　管子的夹持和锯削

C. 薄板的锯削操作

锯削薄板或条料时,可采用远起锯从较宽的面上锯下去。若必须从较窄面锯下去,尤其是锯削薄板料时,可将薄板夹持在两木块之间,连同木块一起锯削,如图 1.22 所示。

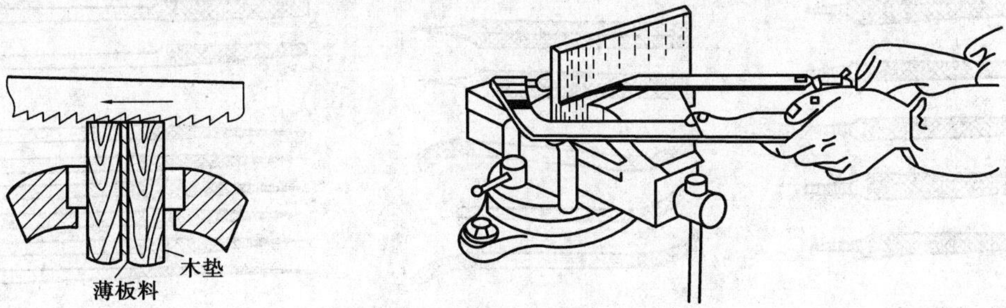

图 1.22　薄壁料的夹持和锯削

D. 深缝的锯削操作

当工件锯缝深度超过锯弓的高度时,可将锯条转过 90° 安装,并调整工件的夹持位置,使锯削部分处于钳口附近,以免工件跳动,如图 1.23 所示。

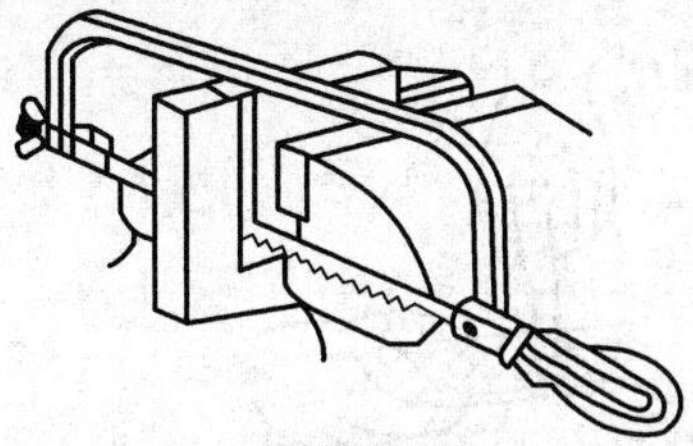

(a)锯缝深度大

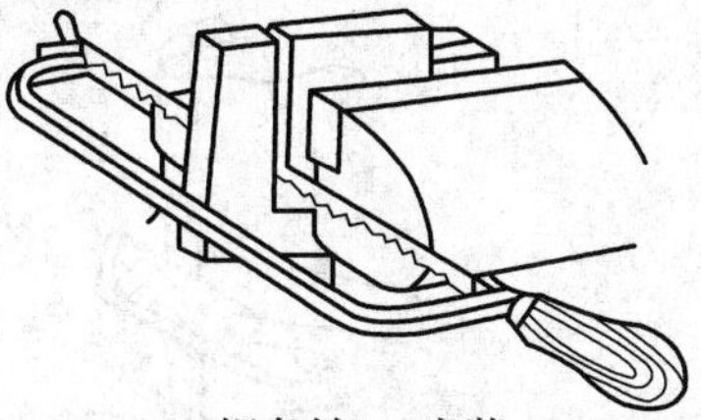

(b)锯条转90°安装

图 1.23　深缝锯削

(4)锉削

用锉刀对工件表面进行切削加工,使工件达到所要求的尺寸、形状和表面粗糙度,这种加工方法称为锉削。锉削多用于錾削、锯削之后。利用锉削可加工内外平面、内外曲面、内外角、沟槽,以及各种形状复杂或难以用机械加工方法加工的表面。锉削方法简便、经济,并且能达到一定的表面粗糙度。

1)锉刀

锉刀是锉削的主要工具。它常用碳素工具钢 T12,T13 制成,并经淬硬处理。锉刀已标准化,锉刀的组成及各部分的名称如图 1.24 所示。

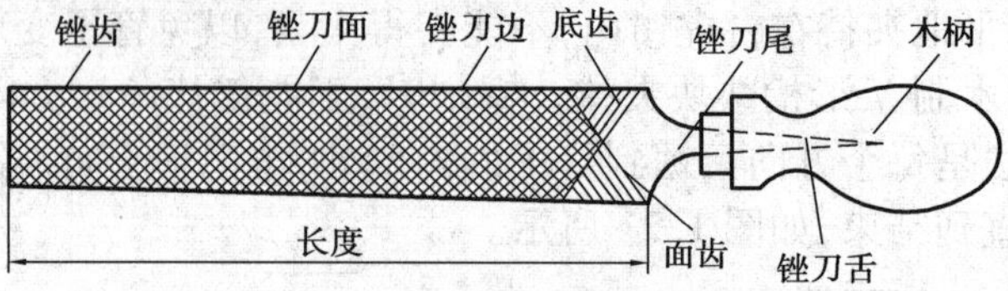

图 1.24　锉刀的组成

锉刀按用途,可分为钳工锉、异形锉(特种锉)和整形锉,如图 1.25 所示;按齿纹粗细,可分为粗齿、中齿、细齿、粗油光及细油光 5 种。粗锉刀适用于粗加工,或锉铜、铝等软金属;细锉刀适用于锉钢和铸铁,或锉削量少的情况;油光锉刀只适用于最后修光表面。

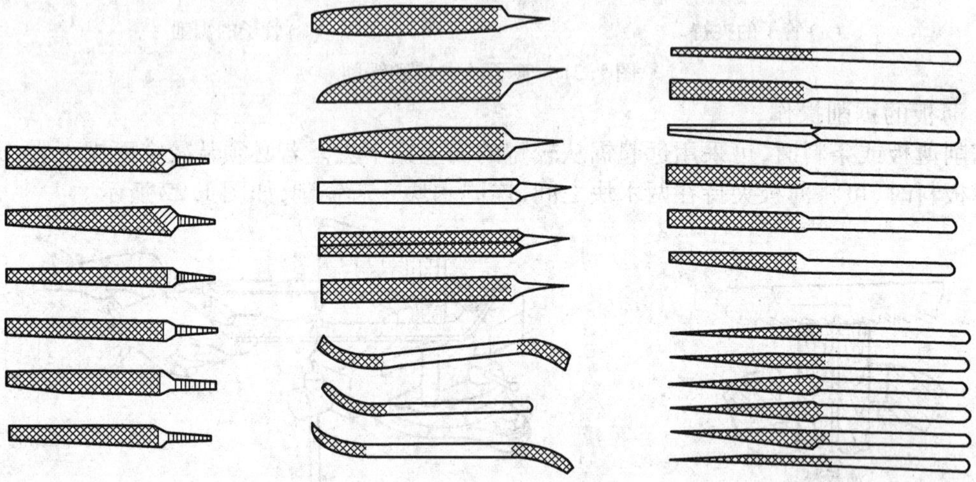

(a)钳工锉　(b)异形锉　(c)整形锉

图 1.25　锉刀的基本类型

锉刀要防水防油,不能用锉刀锉削毛坯件的硬皮或工件的淬硬表面。锉纹上有金属碎末时,应使用锉刷或铜片清理。锉刀的清理如图 1.26 所示。

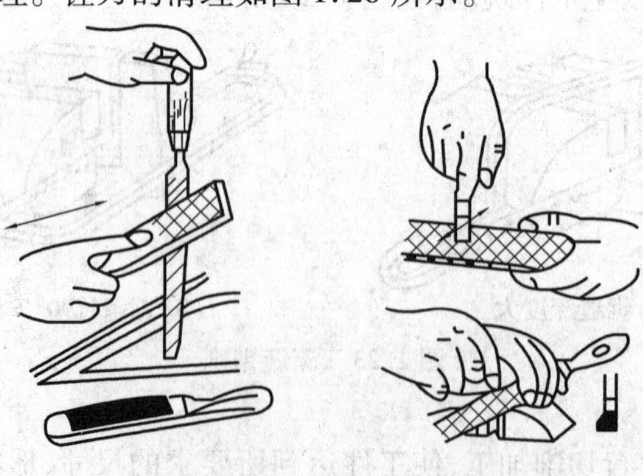

(a)用钢丝刷　(b)用铜片

图 1.26　锉刀的清理

2)锉刀的握法

使用大平锉时,应右手握锉柄,左手压锉刀的端面,掌握施力变化,使锉刀保持水平。使用其他截面形状的锉刀或小型锉刀时,左手拇指和食指捏锉端,引导锉刀作水平移动,如图1.27所示。

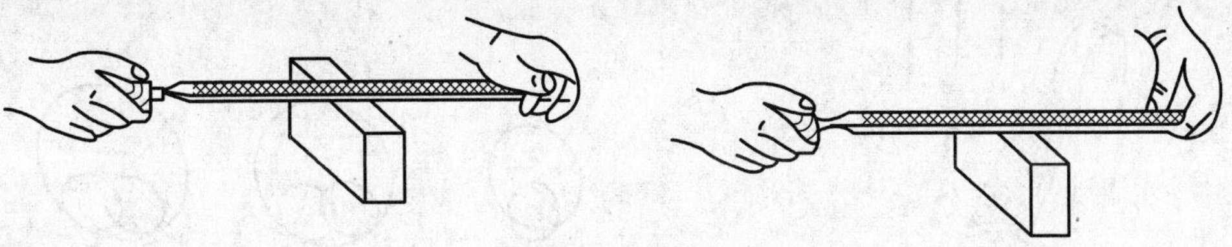

图1.27　锉刀的握法

3)锉削姿势

正确的锉削姿势能减轻疲劳,提高锉削质量和效率。锉削时,两脚站稳不动,靠左膝的屈伸使身体随锉刀作往复运动,如图1.28所示。

图1.28　锉削姿势

4)平面的锉削方法

平面锉削是最基本的锉削。常用的方法有顺向锉法、交叉锉法和推锉法3种,如图1.29所示。不大的平面或最后锉光,可用顺向锉法;粗锉时,可用交叉锉法;锉削狭长平面时,可用推锉法。

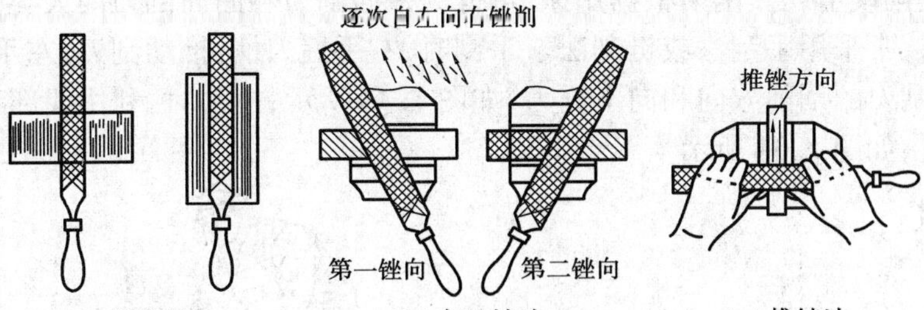

图1.29　平面锉削方法

5)特殊形面的锉削方法

特殊形面是指除平面外的各种特殊表面,如内圆弧面、外圆弧面和球形面。锉削外圆弧面或球形面时,应选用平锉刀,如图1.30所示;锉削内圆弧面时,应选用圆锉或半圆锉,如图1.31所示。

6)检验

锉削过程中或完工后,工件的尺寸用钢直尺或游标卡尺检查。工件的平面度用刀口形直尺或直角尺透光检查;工件面与面之间的垂直度或角度用直角尺或万能角尺检查,如图1.32所示。

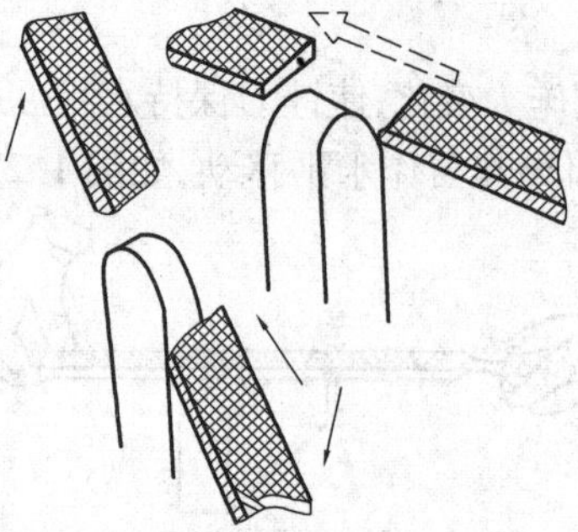

图 1.30　外圆弧面锉削

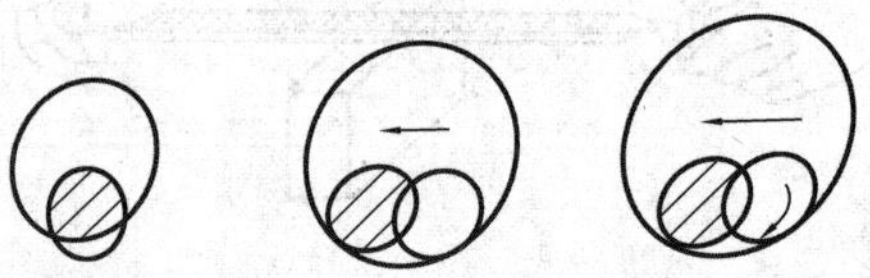

图 1.31　内圆弧面锉削

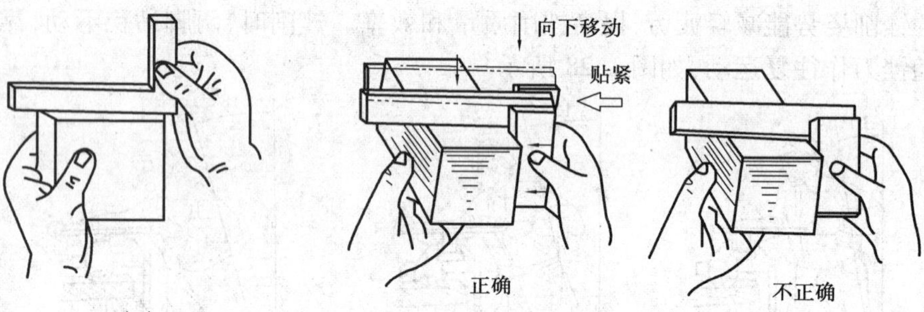

(a)　(b)

图 1.32　检查平面度和直角

(5)刮削

用刮刀从工件已加工表面上刮去一层很薄的金属,以满足技术要求的操作,称为刮削。刮削是钳工中一种精加工方法,常用于零件上相配合的重要滑动表面的精加工,在机械制造、工具、量具制造和修理工作中应用较广泛。

1)刮刀

刮刀一般用碳素工具钢 T10A,T12A 钢经锻造、刃磨和热处理而制成,也可在刮刀头部焊接硬质合金以刮削硬金属。刮刀根据用途,可分为平面刮刀和曲面刮刀两大类。

刮削平面时,常采用手刮法或挺刮法。手刮时,右手握刀柄,推动刮刀,左手放在靠近端部的刀体上,引导刮刀的刮削方向和向下施力,如图 1.33 所示;挺刮时,利用腿部和臀部的力量,使刮刀向前推进,如图 1.34 所示。

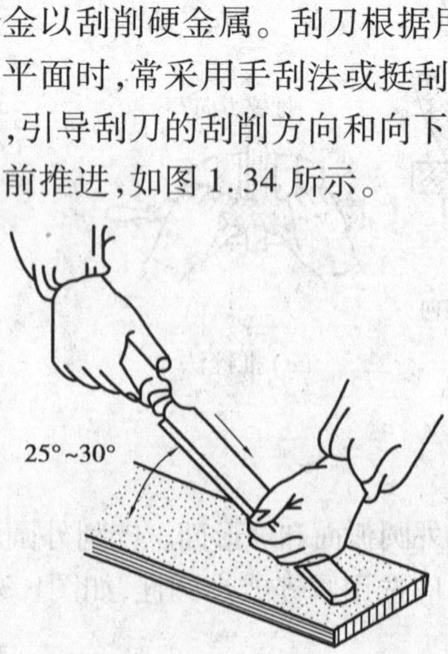

图 1.33　手刮法

图 1.34　挺刮法

曲面刮削时,常用三角刮刀或蛇头刮刀,三角刮刀及曲面刮削如图 1.35 所示。

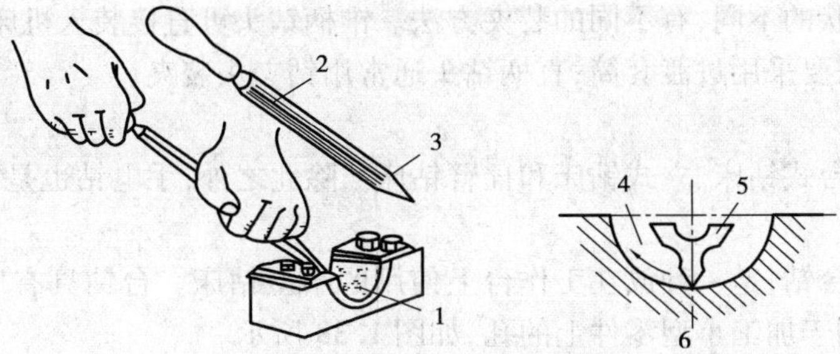

图 1.35　三角刮刀及曲面刮削

1—轴瓦;2—三角刮刀;3—切削部分;4—刮削方向;

5—刮刀切削部分;6—工件

2)显示剂

工件和校准工具对研时,所加的涂料称为显示剂。其作用是显示工件误差的位置和大小。常用的显示剂有红丹粉和蓝油。

3)刮削基本方法

①粗刮

对机加工后的工件表面,应先用刮刀全部粗刮一次,刮去机加工留下的刀痕。粗刮方向不能与机加工的刀痕方向垂直,以免刮刀颤动而刮出波纹。一般刮削方向与刀痕成 45°角,刮削方向每次交叉,如图 1.36 所示。

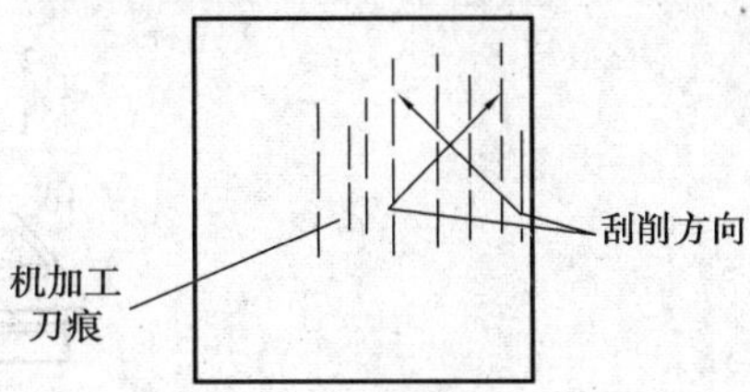

图 1.36　粗刮方向

②细刮

用细刮刀将粗刮后的高点刮去,使工件表面贴合点增加。

③精刮

用精刮刀反复研点刮削,直到符合要求。

④刮花

精刮后对工件表面刮花,可增加美观和保证良好的润滑,并且有助于通过观察刀花的消失来判断磨损程度。

(6)钻孔

孔的加工是钳工工作的重要内容之一。用钻头在工件实体材料上加工孔的方法,称为钻孔。钻孔时,钻头装在钻床或其他设备上,利用钻头与工件间的相对运动进行切削。钳工钻孔一般在钻床上进行。

1)钻头

钻头是钻孔的主要工具,其种类较多,有麻花钻、中心钻、扁钻及深孔钻等。麻花钻是最常用的钻头之一。麻花钻用高速钢制成,由柄部、颈部和工作部分组成,如图 1.37 所示。

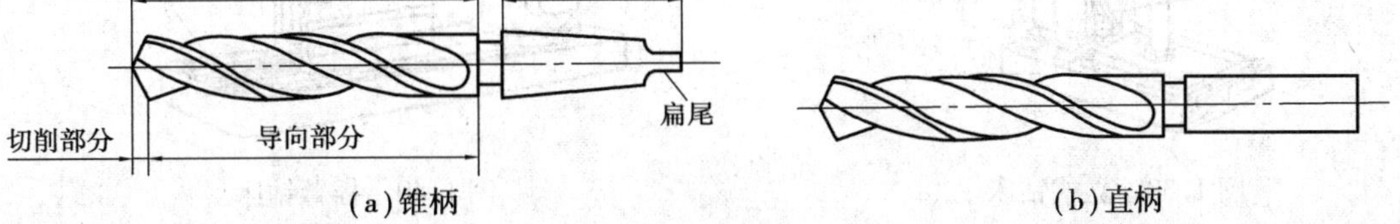

图 1.37　麻花钻的构造

钻头按尾部形状的不同,有不同的装夹方法。锥柄钻头可直接装入机床主轴的锥孔内;如果锥柄小于锥孔,需要采用过渡套筒;直柄钻头通常用钻夹头装夹。

2)钻床

常用的钻床有台式钻床、立式钻床和摇臂钻床。除此之外,手电钻也是常用的钻孔工具。

①台式钻床

台式钻床简称台钻,是一种放在工作台上使用的小型钻床。台钻具有质量小、移动方便、转速高等优点,适用于加工小型零件上的孔,如图 1.38 所示。

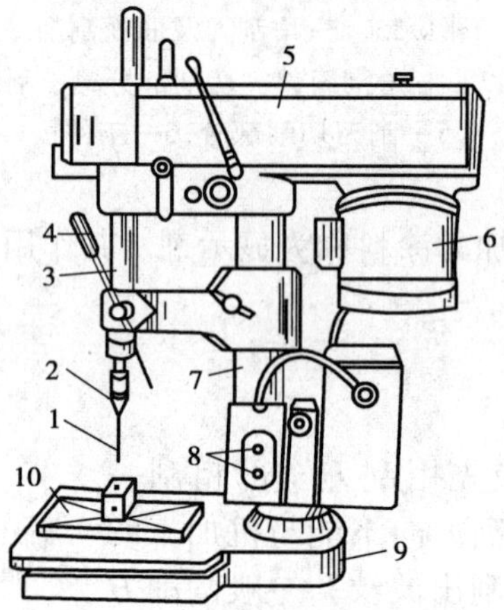

图 1.38　台式钻床

1—钻头;2—钻夹头;3—主轴;4—进给手柄;5—主轴变速箱;
6—电动机;7—立柱;8—电源开关;9—底座;10—工作台

②立式钻床

立式钻床简称立钻,其规格用最大的钻孔直径表示。常用的有 25,35,40,50 mm 等规格。与台钻相比,立钻具有刚度好、功率大、生产效率高、加工精度高等优点,主要用于钻、扩、锪、铰中小型工件上的孔以及攻螺纹等,如图 1.39 所示。

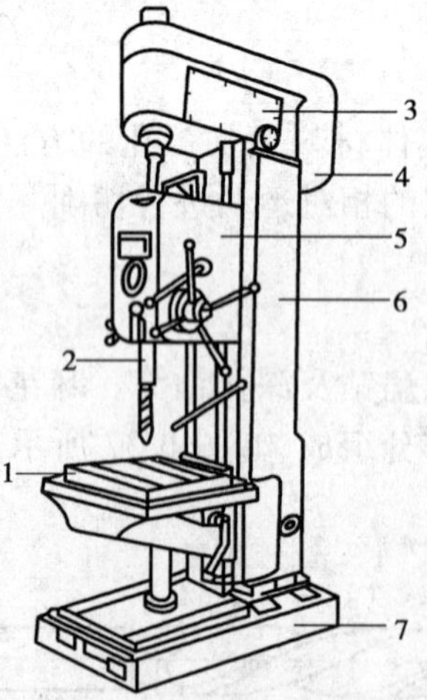

图 1.39　立式钻床

1—工作台;2—主轴;3—主轴变速箱;
4—电动机;5—进给箱;6—立柱;7—底座

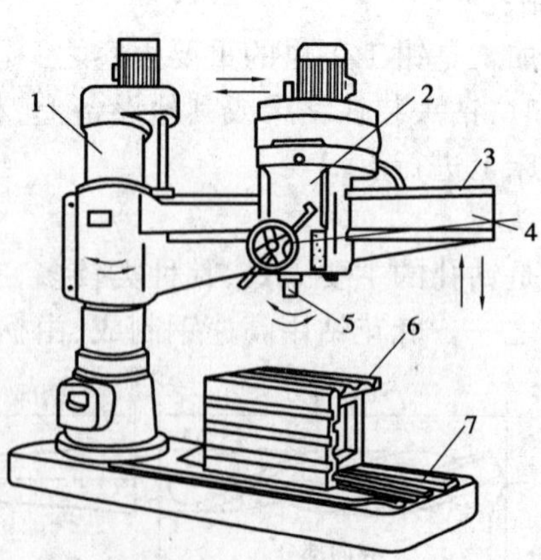

图 1.40　摇臂钻床

1—立柱;2—主轴箱;3—摇臂;4—手轮;
5—主轴;6—工作台;7—底座

③摇臂钻床

摇臂能绕立柱作360°的旋转,主轴箱可沿立柱垂直移动,也可沿摇臂横向移动。操作时,能方便地调整刀具的位置,以对准被加工孔的中心,而不需要移动工件。摇臂钻床适用于大工件及多孔工件的加工,被广泛地应用在单件和成批生产中,如图1.40所示。

④手电钻

手电钻常用于不便使用钻床钻孔的场合。它具有携带方便、操作简单、使用灵活及应用广泛等优点,如图1.41所示。

3)钻孔方法

①工件的装夹

小件或薄壁零件钻孔,常用台虎钳装夹;中等大小零件可用平口钳装夹;大型或不适合用台虎钳夹紧的工件可直接用压板螺钉固定在钻床的工作台上;在圆形工件上钻孔,须把工件压在V形铁上。

当工件批量比较大时,可采用钻模夹具装夹,如图1.42所示。钻模上装有钻套以引导钻头,而钻套的位置是根据工件上待加工孔的位置确定的,这样可免去划线工作,提高效率和精度。

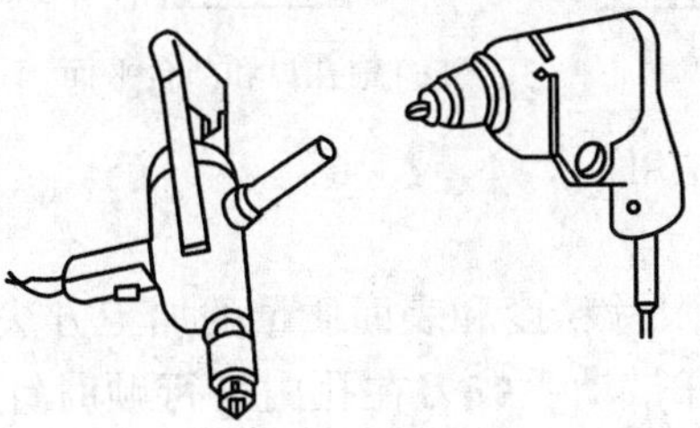

图1.41　手电钻

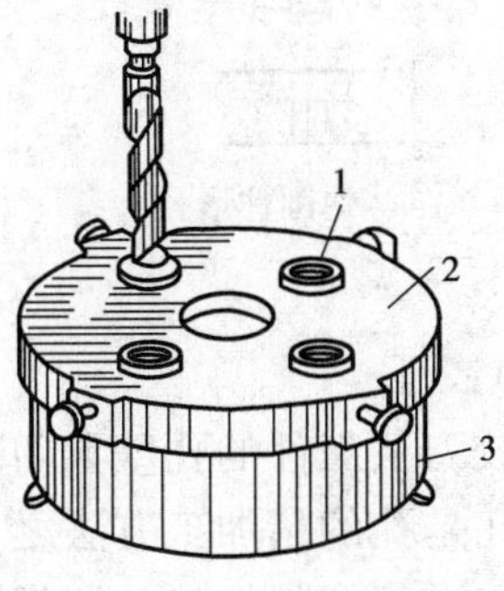

图1.42　钻模

1—钻套;2—钻模;3—工件

②钻削用量

钻削用量包括切削深度、进给量和切削速度3个要素。选择钻削用量的基本原则是:在允许范围内尽量先选较大的进给量;当进给量受孔表面粗糙度和钻头刚度的限制时,再考虑较大的切削速度。一般情况下,小钻头钻孔时,转速可适当提高,进给量减小;大钻头钻孔时,则转速降低,进给量适当加大。钻硬材料时,切削速度要低,进给量要小;钻软材料时,则可适当加大切削速度和进给量。

③钻孔方法

划线钻孔时,将工件上孔的位置用十字线划好,打好样冲眼,便于找正引钻。钻削时,先钻一浅坑,再检查是否对中。

钻通孔时,当孔将被钻透时,进给量要小,避免在钻透时产生"啃刀"现象;钻盲孔时,要注意掌握孔的深度,调整深度标尺挡块;钻深孔时,要经常退出钻头以便排屑和冷却;钻大孔时,因有较大的进给力,故很难一次钻出,这样可先钻出一个直径较小的孔,再用第二把钻头将孔扩大至所要求的直径。

(7)扩孔

用扩孔工具将工件上已有孔扩大的加工方法,称为扩孔。常用的扩孔工具是麻花钻和扩孔钻。扩孔钻的形状与麻花钻头相似,如图 1.43 所示。

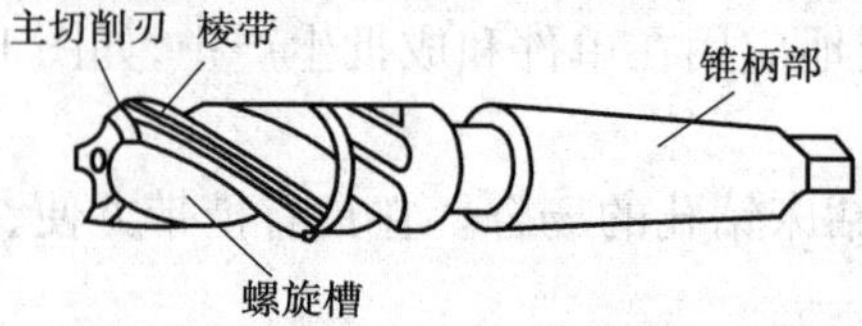

图 1.43　扩孔钻

(8)锪孔

用锪钻在孔口表面锪出一定形状的孔或表面的加工方法,称为锪孔,如图 1.44 所示。

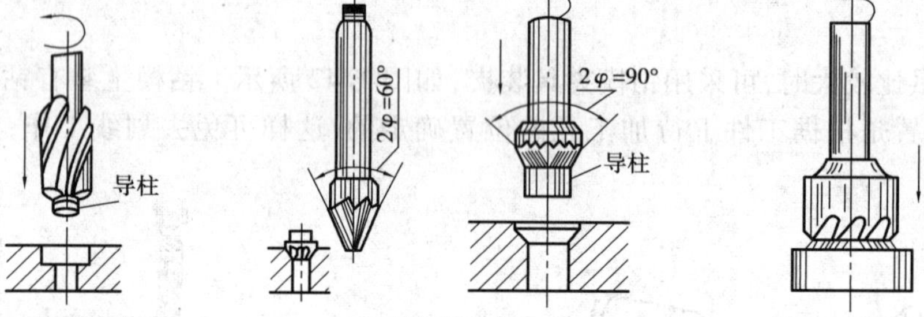

(a)锪圆柱形孔　(b)锪锥形孔　(c)锪孔口和凸台平面

图 1.44　锪钻的应用

(9)铰孔

用铰刀从工件的孔壁上切除微量金属层,以提高尺寸精度和表面质量的加工方法,称为铰孔。铰孔是孔的精加工方法之一。钳工铰孔是用铰杆带动手铰刀在孔内进行顺时针旋转,对孔的内壁进行切削加工。铰削量不宜过大,一般为 0.1 ~ 0.25 mm。

铰刀是一种尺寸精确的多刃工具,有 6 ~ 12 个切削刃,铰孔时导向性好。铰刀按铰削方式,可分为手铰刀和机铰刀,如图 1.45 所示。

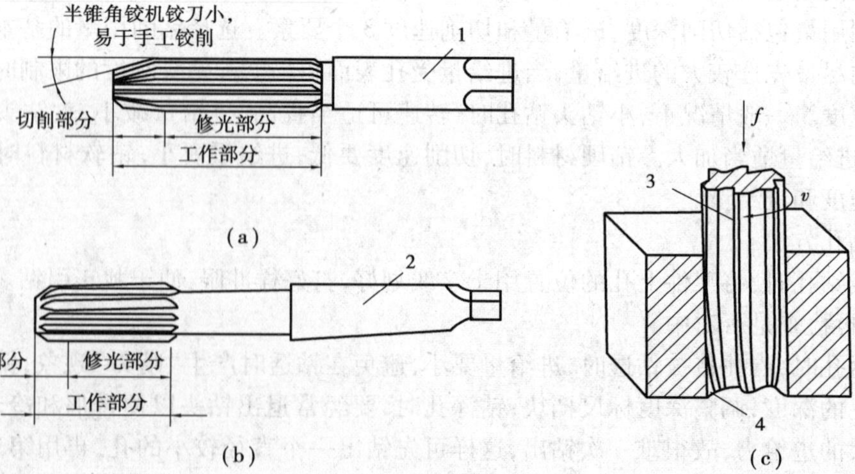

图 1.45　铰刀

1—直柄;2—锥柄;3—铰刀;4—铰孔余量(直径方向为 0.05 ~ 0.2 mm)

(10)攻螺纹和套螺纹

1)攻螺纹(攻丝)

用丝锥在孔中加工出内螺纹的加工方法,称为攻螺纹,也称攻丝。

丝锥的前端是切削部分,有锋利的切削刃,中间是定径部分,起修光螺纹和引导丝锥的作用。丝锥用碳素工具钢或高速钢制成,可分为手用丝锥和机用丝锥两大类。每种规格的手用丝锥一般由两支组成一套,分别称为头攻和二攻;每种规格的机用丝锥一般只有一支。

手动攻丝时,夹持和转动丝锥的工具,称为铰杆。各种规格的铰杆是可调的,转动可调手杆,调节方孔大小,可夹持不同尺寸的丝锥,如图 1.46 所示。

攻螺纹前须钻孔,并且孔的直径必须大于螺纹标准规定的内径。钻头直径的选择可查表,也可根据经验公式计算如下:

钢及韧性金属

$$D = d - P$$

铸铁及脆性金属

$$D = d - 1.1P$$

式中　d——螺纹公称直径,mm;

P——螺距,mm。

攻盲孔的螺纹时,因丝锥攻不到孔底,故孔的深度要大于螺纹要求的长度。盲孔深度可计算为

$$孔深 = 要求的螺纹长度 + 0.7d$$

式中　d——螺纹公称直径,mm。

用头攻攻螺纹时,先旋入 1 ~2 圈,检查丝锥是否与孔同心及与端面垂直,再继续下压铰杆并旋转,使丝锥的切削部分全部切入工件后,只转动铰杆不加压力。这时,每旋转一圈应反转 1/4 圈,以便使切屑断落,如图 1.47 所示。用二攻时,先把丝锥旋入孔内几圈后,再用铰杆不加压力地转动。

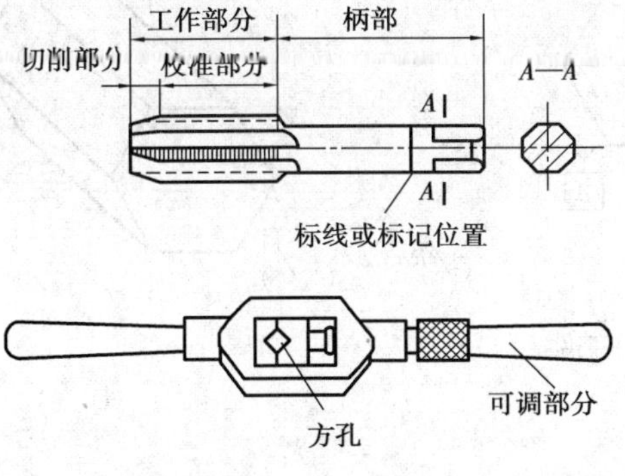

图 1.46　丝锥和铰杆

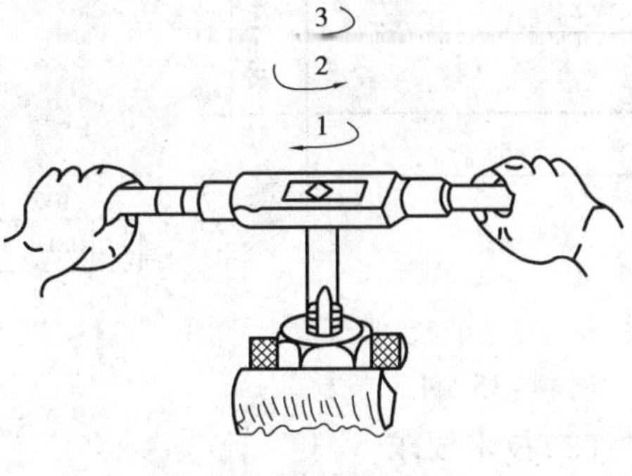

图 1.47　攻螺纹

2)套螺纹(套丝)

用板牙在圆柱或圆管子上切出外螺纹的加工方法,称为套螺纹,也称套丝。

板牙孔的两端有 60°的锥度部分,主要起切削作用;中间一段是校准部分,也是套螺纹时的导向部分。板牙是装在板牙架上使用的,如图 1.48 所示。

套丝的圆杆端部必须有倒角,以便板牙切入。套丝时,板牙应与圆杆同心或板牙端面与圆

杆垂直。开始套丝时，应稍加压力转动板牙，待套入几扣后，就可不加压力地转动板牙。与攻丝相似，为了断屑，板牙要时常反转，如图 1.49 所示。

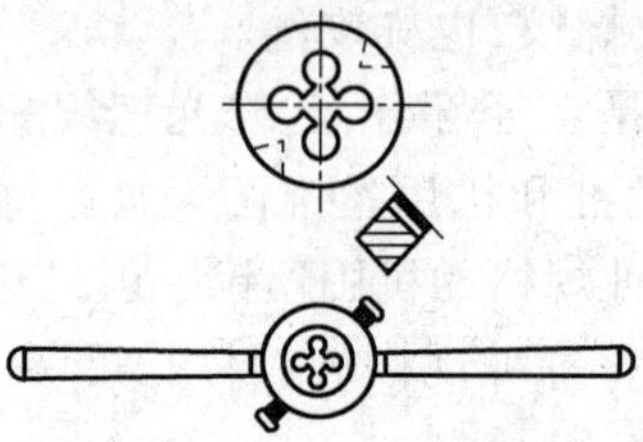

图 1.48　板牙和板牙架

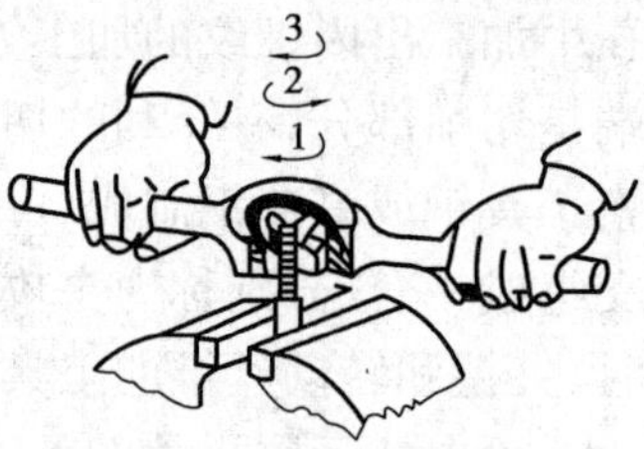

图 1.49　套丝

套丝前，应检查圆杆直径。在钢料上套丝时，可用经验公式计算为

$$圆杆直径 = d - 0.13P$$

式中　d——螺纹公称直径，mm；

P——螺距，mm。

三、实训项目

实训一：锉削钢六角工件

1. 实训目的

①掌握钢六角工件的钳工制作方法，并达到锉削精度。

②掌握活络角尺（万能角度尺）、刀口形直尺和高度游标尺的正确使用方法。

2. 实训内容

（1）加工工件（见图 1.50）

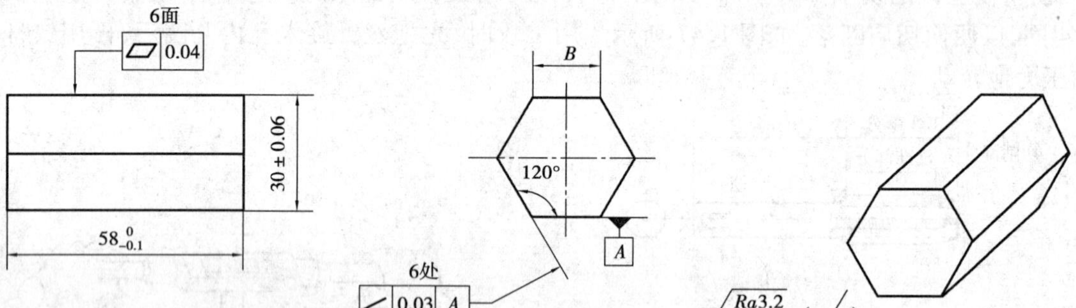

图 1.50　钢六角工件

材料：35 钢。

（2）技术要求

①30 mm 尺寸处，其最大与最小尺寸处的差值不大于 0.08 mm。

②六角边长 B 应均等，允差 0.1 mm。

③各锐边均匀倒棱。

（3）使用的刀具、量具和辅助工具

钳工锉、游标卡尺、刀口形直尺、塞尺、90°角尺、角度样板、高度游标尺及万能角度尺等。

(4)加工步骤(见图1.51)

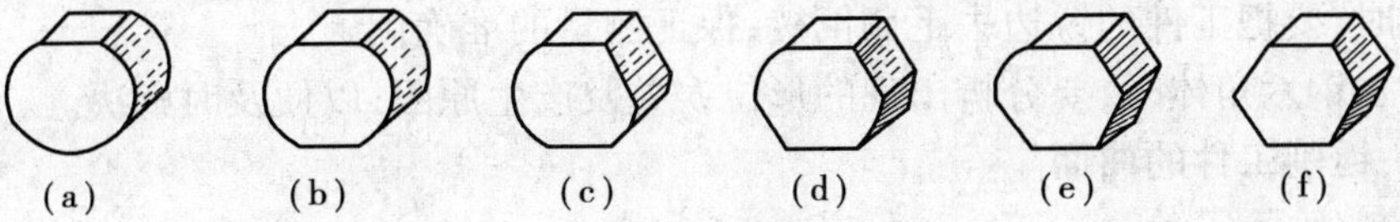

图1.51　钢六角工件加工步骤

①粗、精锉基准面(a):平面度达0.04 mm,表面粗糙度不大于3.2 μm,同时保证与圆柱母线的尺寸要求。

②粗、精锉相对面(b):以第一面为基准划出相距30 mm的平面加工线。尺寸达30 ±0.06 mm,表面粗糙度不大于3.2 μm的要求。

③粗、精锉第三面(c):达图样要求,同时保证与圆柱母线的尺寸要求(用万能角度尺控制120°的准确性)。

④粗、精锉第三面的相对面(d):以第三面为基准划出相对尺寸30 mm的平面加工线,然后锉削达尺寸要求。

⑤粗、精锉第五面(e):达图样要求,同时保证与圆柱母线的尺寸要求。

⑥粗、精锉第五面的相对面(f):以第五面为基准划30 mm的平面加工线,然后锉削达尺寸要求。

⑦将各锐边全面复检、修整、倒棱后送检。

(5)质量检查及评分

锉削钢六角工件评分见表1.1。

表1.1　锉削钢六角工件评分表　　　　总得分________

项次	项目与技术要求	实测记录	单次配分	得分
1	平面度0.04 mm(6面)		12	
2	尺寸要求(30 ±0.06)mm(3处)		12	
3	尺寸差值不大于0.08 mm(3处)		12	
4	120°面的倾斜度0.03 mm(3处)		12	
5	边长均等,允差0.1 mm		12	
6	表面粗糙度 $Ra\leqslant 3.2$ μm(6面)		12	
7	锉纹整齐、倒棱均匀(6面)		12	
8	锉削姿势完全正确		10	
9	安全文明生产		6	

(6)注意事项

①确保锉削姿势完全正确。

②为保证表面粗糙度要求,必须经常用钢丝刷等清除嵌入锉刀齿纹内的锉屑,并在齿面上涂上粉笔灰。

③在锉削过程中,要防止“片面性”,应顾及全面的精度要求。

④使用万能角度尺时,要准确测得角度,必须拧紧止动螺母;使用时,要轻拿轻放,避免测

量角发生变动,并经常校对测量角的准确性。

⑤测量时,要把工件的锐边去毛刺倒棱,保证测量的准确性。

⑥在加工钢六角体时,要分析出现的形位误差及产生原因,以便及时解决。

实训二:锉削工件的曲面

1. 实训目的

①掌握曲面的锉削方法。

②掌握曲面锉削的操作技能及曲面精度的检测方法。

③能根据工件不同的几何形状要求,正确选用锉刀。

④能用锉刀作推锉。

2. 实训内容

(1)技术要求

锉削工作的曲面技术要求如图 1.52 所示。

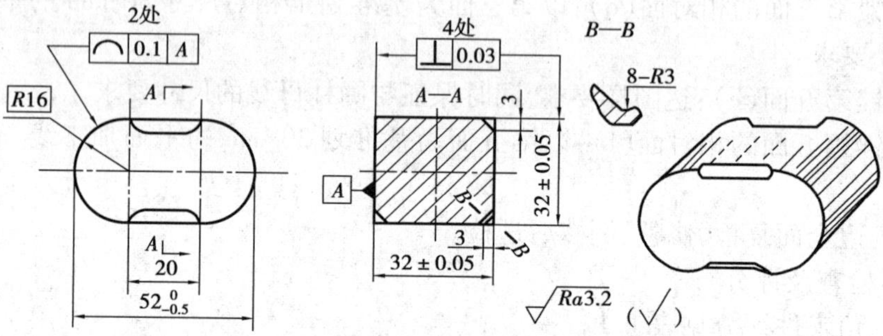

(a)工件1

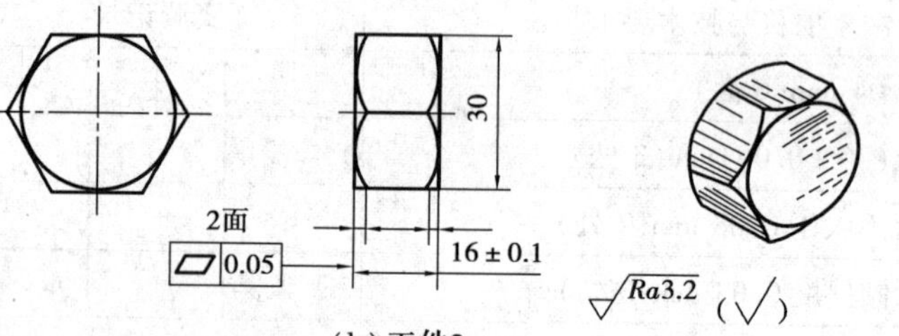

(b)工件2

图 1.52　锉削工件的曲面

(2)使用的刀具、量具和辅助工具

异形锉、千分尺、刀口形直尺、角尺、塞规、划规及钳工锉等。

(3)加工工件 1

①每人用铁皮做一块 $R16$ mm 和 $R3$ mm 的样板。

②按图样要求,锉削对边尺寸为 32±0.05 mm 的四方体。

③锉两端面达尺寸 52 mm,并按图样尺寸划 16 mm 尺寸线和 4 处 3 mm 倒角线,以及 $R3$ mm 圆弧位置的加工线。

④用异形锉粗锉 8-$R3$ 内圆弧面,然后用钳工粗、细锉倒角至加工线,再细锉 $R3$ 圆弧并与倒角平面光滑连接,最后用 150 mm 异形锉做推锉,使锉纹全部呈直向,表面粗糙度 $Ra \leq 3.2$ μm。

⑤用 300 mm 钳工锉法，粗锉两端圆弧面至接近 $R16$ mm 加工线，然后顺着圆弧锉正圆弧面，并留适当余量，再用 250 mm 细钳工锉修整，达到各项技术要求。

⑥全部精度复检，并作必要的修整锉削，最后将各锐边均匀倒角。

(4)加工工件 2

①选较平整的面先锉，达到平面度 0.05 mm、表面粗糙度 $Ra \leqslant 3.2$ μm 的要求，并保证与六角面基本垂直。

②锉相对的另一面，达到图样有关要求。

③划六角内切圆及圆弧倒角尺寸的加工线，并按加工线倒两端圆弧角。

④用同样方法加工其他各面。

(5)质量检查及评分

锉削曲面评分见表 1.2。

表 1.2 锉削曲面评分表

项次	项目与技术要求	实测记录	单次配分	得分
1	锉削姿势正确		10	
2	尺寸要求 32 ±0.05 mm(两组)		10	
3	$R16$ 间隙 0.1 mm		10	
4	垂直度 0.03 mm		10	
5	$R3$ 圆弧正确(8 处)		8	
6	尺寸要求 30 mm(3 组)		9	
7	尺寸要求 16 ±0.1 mm		10	
8	平面度 0.05 mm(两处)		10	
9	倒角 45°及圆弧角		10	
10	$Ra \leqslant 3.2$ μm		8	
11	安全文明生产		5	

(6)注意事项

①划线线条要清晰。

②在锉工件 1 两端的 $R16$ mm 圆弧面时，可先用倒角方法逼近划线线条，再继续锉削。

③在锉 $R16$ mm 外圆弧面时，不要只注意锉圆而忽略了与基准面 A 的垂直度，以及横向的直线度。

④在顺着圆弧锉时，锉刀上翘下摆的摆动幅度要大，才易于锉圆。

⑤在锉 $R3$ mm 内圆弧面时，横向锉削一定要把形体锉正，使推锉圆弧面时容易锉光。

⑥圆弧锉削练习时，应尽量避免出现以下缺陷：圆弧不圆呈多角形；圆弧半径过大或过小；圆弧横向直线度及与基准面的垂直度误差大；不按划线加工造成位置尺寸不正确；表面粗糙度大、纹理不整齐等。

实训三:制作普通榔头

1. 实训目的

①练习划线。

②练习正确的锯削方法。

③练习正确的平面锉削、半圆锉削方法。

④尺寸测量。

2. 实训内容

(1)技术要求

普通榔头制作的技术要求如图 1.53 所示。

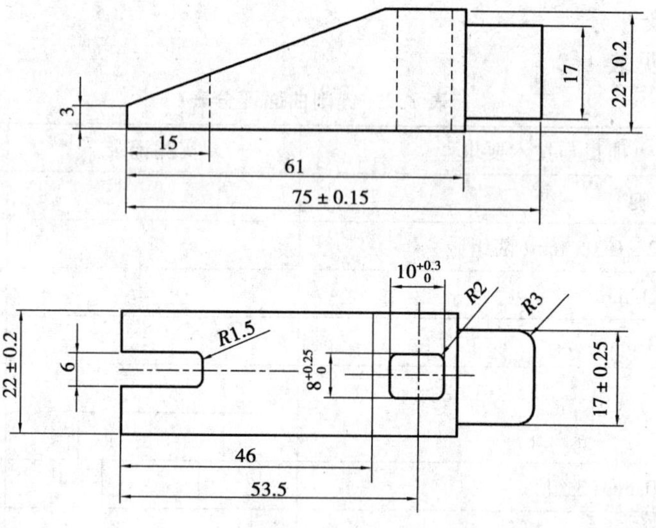

图 1.53　普通榔头

(2)任务准备

①备料:20#钢,$\phi 32 \times 85$,一件。

②工具:锯弓一把,300 mm 粗齿锯条、钢皮尺、高度划线尺、卡尺,以及 300 mm 粗齿扁锉、什锦锉等。

3. 相关工艺

(1)锯削

①按图样锯削成 22×22 长方体,保证尺寸 22 ± 0.2。

②按图样锯削成 17×17 长方体,保证尺寸 17 ± 0.25。

③按图样锯削斜面,保证尺寸 46 mm。

(2)锉削

①以一长面为基准锉光另一端面。

②用锉削方法加工倒角。

③按图划出腰子孔加工线及钻孔检查线,并用 $\phi 5$ 钻头钻孔。

④用圆锉锉通两通孔,并锉好腰孔。

⑤锉 $R3$ 圆角,并保证工件总长 75 ± 0.15。

⑥用砂布将各加工面全部打光,交件待验。

实训四：制作鸭嘴榔头

1. 实训目的

①熟悉钳工工艺的制定原则。

②掌握钳工基本操作：划线、锯削、錾削、锉削、钻削及打磨等。

③掌握曲面锉削的操作技能及曲面精度的检测方法。

④能按照工艺要求，有计划地完成钳工产品制作。

2. 实训内容

(1)技术要求

鸭嘴榔头制作的技术要求如图 1.54 所示。

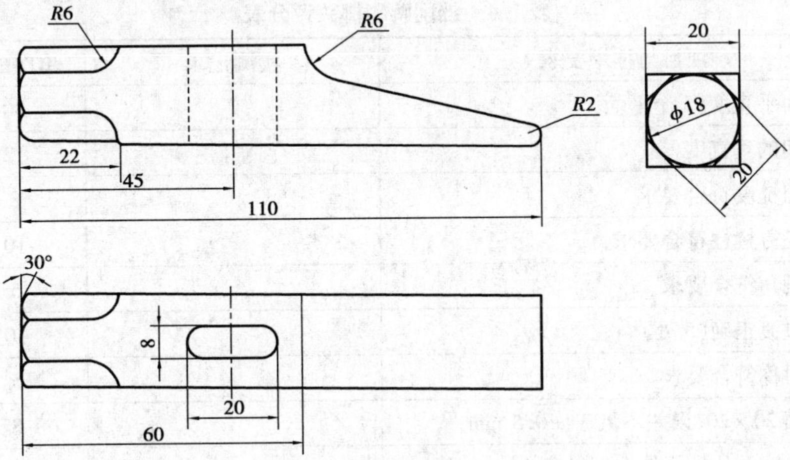

图 1.54　鸭嘴榔头制作基本要求

(2)鸭嘴榔头加工工艺

鸭嘴榔头加工工艺见表 1.3。

表 1.3　鸭嘴榔头加工工艺表

序号	加工方法	使用工具
1	下料，ϕ30 圆钢，长 115 ~ 120 mm	锯弓、钢直尺
2	锉削两端面，与工件外圆垂直	粗平锉、直尺
3	划线，先找出中心，再划尺寸线，打样冲孔	高度划线尺、样冲
4	錾削或锯削加工出一个基准面	錾子、榔头、锯弓
5	粗锉基准面达平直，再划线确定其他各面尺寸线	粗平锉、高度划线尺
6	錾削或锯削加工其他 3 个侧面	錾子、榔头、锯弓
7	粗锉 3 个侧面，要求各面相互垂直	粗平锉，角尺
8	划线，锯削加工斜面	划规、角尺、锯弓
9	锉削斜面，划孔尺寸线	粗平锉、细平锉
10	钻孔、锉孔到尺寸	钻头、细方、圆锉
11	精锉基准面，以该面为基准精锉各面，划八棱柱尺寸线	细平锉、细圆锉

续表

序号	加工方法	使用工具
12	锉削八棱柱各面	细平锉、细圆锉
13	倒锤头圆弧	细平锉
14	打学号、交作业	字钉、榔头

(3)鸭嘴榔头质量评分标准

鸭嘴榔头质量评分标准见表 1.4。

表 1.4 锉削鸭嘴榔头评分表

项次	项目与技术要求	实测记录	单次配分	得分
1	各平面平直度(5 个平面)		30	
2	各面间的垂直度		12	
3	表面粗糙度符合要求		8	
4	锤头正方棱柱符合要求		10	
5	锤头倒角符合要求		5	
6	圆弧过渡正确(5 处)		10	
7	孔形对称符合要求		5	
8	横切面 20×20,误差不大于 ±0.5 mm		8	
9	总长度及其他尺寸符合要求		2	
10	锤头端面至孔中心线位置尺寸符合要求		4	
11	锤头端面至斜面圆弧尺寸符合要求		2	
12	锤头端面至八棱柱圆弧尺寸符合要求		4	

注意:该任务由学生独立完成,不允许车削端面、铣(刨)平面或在砂轮上磨削,违者不得分。

实训五:锉配凹凸体工件

1. 实训目的

①熟悉钳工工艺的制订原则。

②熟悉钳工基本操作:划线、锯削、錾削、锉削、钻削及打磨等。

③掌握具有对称度要求的工件划线。

④掌握具有对称度要求的工件加工和测量方法。

⑤掌握锉配基本技能,并达到一定的加工和装配精度要求。

⑥能按照工艺要求,在规定时间内完成凹凸体的制作。

2. 实训内容

(1)技术要求

凹凸体配件制作的技术要求如图 1.55 所示。

(2)使用的工具、量具和辅助工具

千分尺、游标卡尺、90°角尺、刀口形直尺、塞尺、划针、钻头、钳工锉、整形锉及异形锉等。

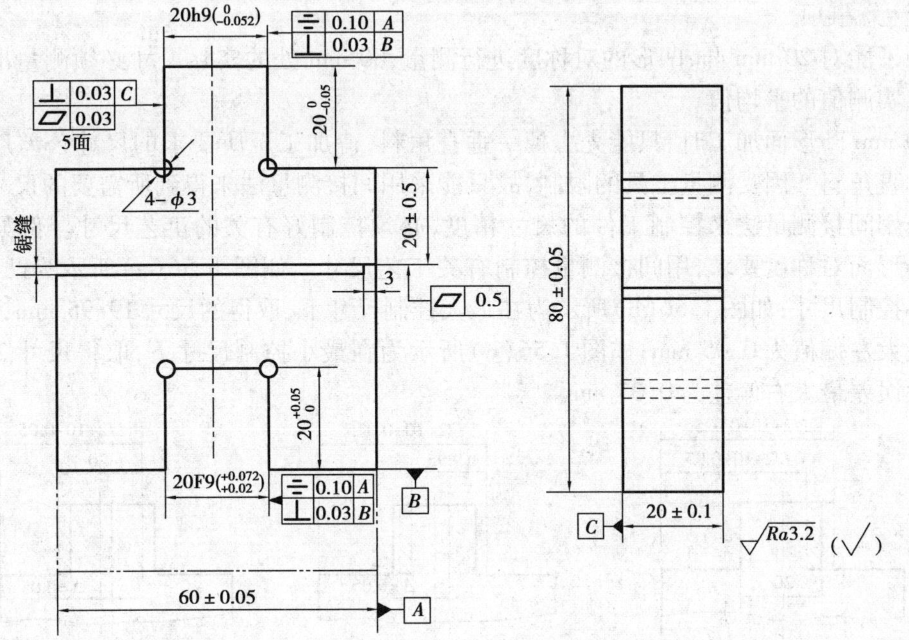

实习件名称	材料	材 料 来 源	下道工序	件数	工时/h
凹凸体	HT150	$80^{+0.2}_{-0.1}$ mm × $60^{+0.2}_{-0.1}$ mm × $20^{+0.1}_{-0.1}$ mm（刨削）		1	10

图1.55　凹凸体配件

（3）制作步骤

①按图样要求锉削好外轮廓基准面，达到尺寸60 ±0.05 mm，80 ±0.05 mm，并达到垂直度和平行度要求。

②按要求划出凹、凸体加工线，并钻工艺孔4 ~ 3 mm。

A. 加工凸形面

a. 按划线锯去垂直一角，粗、细锉两垂直面。根据80 mm处的实际尺寸，通过控制60 mm的尺寸误差值，从而保证$20^{\ 0}_{-0.05}$ mm的尺寸要求；同样，根据60 mm处的实际尺寸，通过控制40 mm的尺寸误差值，从而保证获得尺寸$20^{\ 0}_{-0.05}$ mm，又能保证其对称度在0.1 mm范围内。

b. 按划线锯去另一垂直角，用上述方法锉出并控制尺寸$20^{\ 0}_{-0.05}$ mm，达到凸形面$20^{\ 0}_{-0.05}$ mm的尺寸要求。

B. 加工凹形面

a. 用钻头钻出排孔，并锯除凹形面的多余部分，然后粗锉至接触线条。

b. 细锉凹形顶端面，根据80 mm处的实际尺寸，通过控制60 mm的尺寸误差值，从而保证达到与凸形体端面的配合精度要求。

c. 细锉两侧垂直面，两面同样根据外形60 mm和凸形面20 mm的实际尺寸，通过控制90 mm的尺寸误差值，从而保证达到与凸形面20 mm的配合精度要求，同时也能保证其对称精度在0.01 mm内。

③全部锐边倒角，并检查全部尺寸精度。

④锯削，要求达到尺寸20 ±0.5 mm，锯面平面度0.5 mm，留3 mm余量，最后修去锯口毛刺。

(4)注意事项

①为了能对 20 mm 凸、凹形的对称度进行测量,60 mm 处的实际尺寸必须测量准确,并应取其各点实测值的平均值。

②20 mm 凸形面加工时,只能先去掉一垂直角料,待加工至所要求的尺寸公差后,才能去掉另一垂直角料。因受测量工具的限制,故只能采用间接测量法来得到所需要的尺寸公差。

③采用间接测量法来控制工件的尺寸精度,必须控制好有关的工艺尺寸。例如,为保证 20 mm 凸形面对称度要求,用间接测量控制有关工艺尺寸。如图 1.56(a)所示为凸形面的最大与最小控制尺寸;如图 1.56(b)所示为在最大控制尺寸下,取得的尺寸 19.95 mm,这时对称度误差最大左偏值为 0.05 mm;如图 1.56(c)所示为在最小控制尺寸下,取得尺寸 20 mm,这时对称度误差最大右偏差为 0.05 mm。

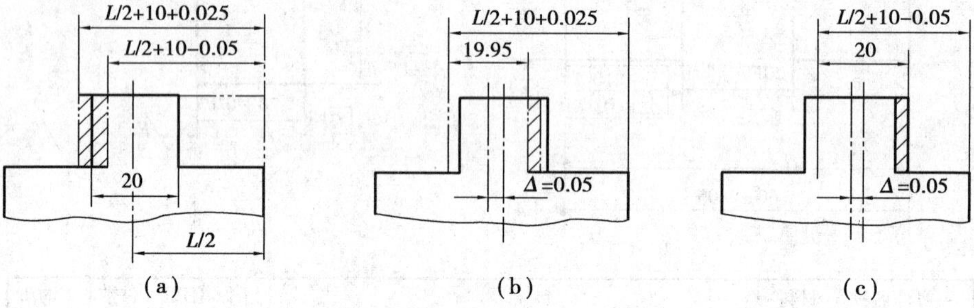

图 1.56 间接控制尺寸

④当工件不允许直接锉配,而是要达到互配件的要求间隙时,就必须认真控制凸、凹件的尺寸误差。

⑤为达到配合后转位互换精度,在凸、凹形面加工时,必须控制垂直度误差在最小的范围内;如果凹、凸形面没有控制好垂直度,互换配合后就会出现最大间隙。

⑥在加工垂直面时,要防止锉刀侧面碰坏另一侧面,因此,必须将锉刀一侧在砂轮上进行修磨,并使其夹角略小于 90°,刃磨后用油石磨光。

(5)质量检查及评分(见表 1.5)

表 1.5 质量检查评分表 总得分________

项次	项目与技术要求	实测记录	单次配分	得分
1	尺寸要求 $20_{-0.05}^{\ 0}$ mm(3 处)		15	
2	锯削尺寸要求 20 ±0.5 mm		15	
3	锯削面平面度 0.5 mm		15	
4	配合间隙 <0.1 mm(5 处)		15	
5	配合后凹凸对称度 0.1 mm		15	
6	配合面表面粗糙度 $Ra≤3.2$ μm(10 面)		20	
7	安全文明生产		5	

第二章
车工实训

一、实训要求

①了解车床的结构，明确各部分的作用，会操作车床。

②了解金属切削的基本知识：了解车削原理，能合理选择切削用量的三要素。

③了解车刀的结构和几何角度，掌握车刀的刃磨方法，会刃磨外圆车刀，会安装车刀。

④掌握工件的安装方法及车床附件的使用。

⑤掌握车削基本技能：车外圆、车端面、车沟槽、车锥面、车螺纹及车回转成形面。

⑥掌握轴类零件、盘套类零件、圆锥类零件及单线螺纹零件的车削方法。

⑦了解车削多线螺纹和车削螺杆的方法。

⑧熟知车削安全注意事项。

二、相关知识点

1. 车床

车削加工中使用的机床，称为车床。车床的种类、规格较多，主要有普通车床、转塔车床、六角车床、立式车床、半自动及自动车床、仪表车床、数控车床等。车工实训中广泛使用的是普通卧式车床，如图 2.1 所示。

(1) 车床结构及各组成部分的作用

1) 床身

床身是用来支承车床的基础部分，并联接各主要部件。床身上有供刀架和尾架移动用的两条相互平行的纵向导轨。床身由床脚支承并固定在地基上。

2) 主轴变速箱

主轴变速箱的作用是安装主轴及主轴变速机构。变速箱内有变速齿轮，可改变主轴转速。通过操作变速机构，可使主轴获得各挡转速。主轴旋转带动工件旋转，同时通过传动齿轮带动挂轮旋转，将运动传至进给箱。

3) 进给箱

利用内部齿轮机构，按所需进给量或螺距进行调整，把主轴的旋转运动传给光杆或丝杠以得到不同的进给速度或切削不同螺距的螺纹。

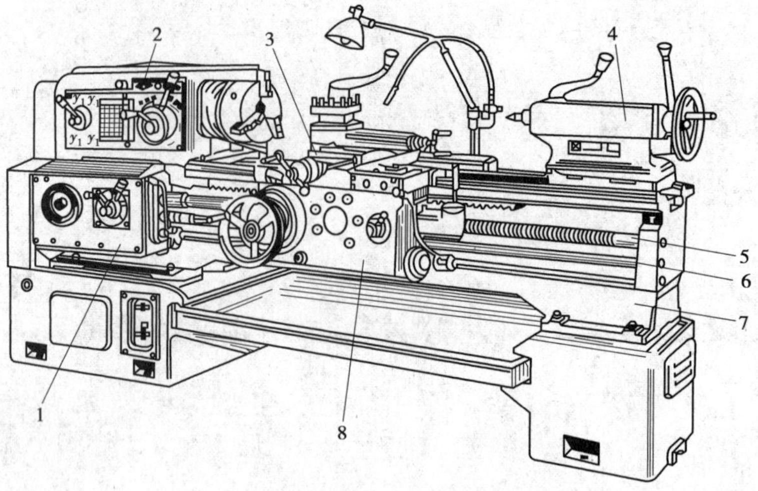

图 2.1　CA6140 型卧式车床外形图

1—进给箱;2—主轴变速箱;3—刀架;4—尾架;5—丝杠;

6—光杆;7—床身;8—溜板箱

4)溜板箱

通过箱内的齿轮变换,将光杆传来的旋转运动转变为车刀的纵向或横向直线运动,也可操作对开螺母,使丝杠带动车刀作纵向进给运动,以便车削螺纹。

5)刀架

刀架是用来安装车刀,并使其作纵向、横向或斜向进给运动的部件,如图 2.1 所示。

6)尾架

尾架用来支承或安装孔类加工刀具等,其位置可沿床身导轨调节。

(2)工艺内容

在车床上能完成的工艺内容如图 2.2 所示。

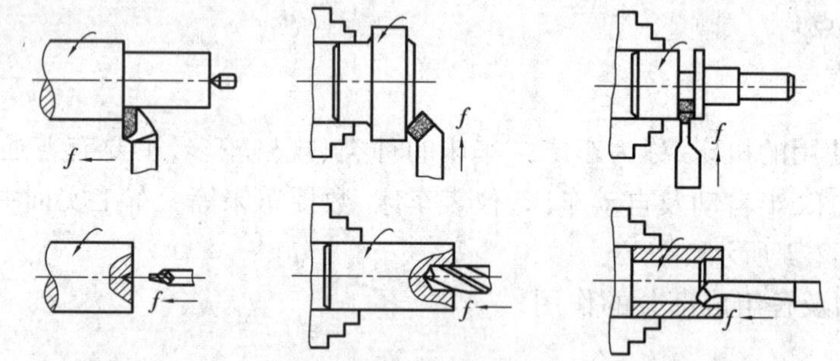

图 2.2　普通车床工艺范围

2. 车刀

(1)常用车刀

常用的车刀按其用途不同,可分为外圆车刀、端面车刀、切断刀、内孔车刀、螺纹车刀、成形车刀及机夹车刀等,如图 2.3 所示。

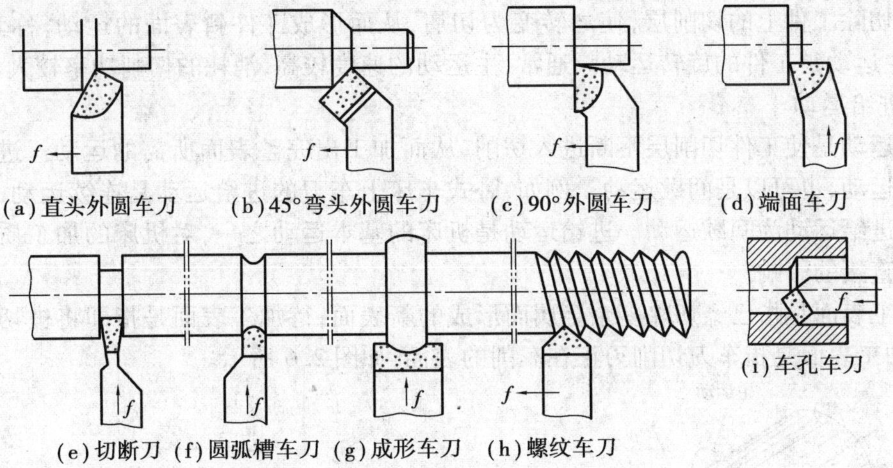

图 2.3　常用车刀的种类、形状和用途

1)45°车刀

45°车刀(弯头刀)主要用于车削工件的外圆、端面和倒角,如图 2.3(b)所示。

2)90°车刀

90°车刀(偏刀)主要用来车削工件的外圆、台阶和端面,如图 2.3(c)所示。

3)切断刀

切断刀主要用来切断工件或在工件上切出沟槽,如图 2.3(e)所示。

4)成形车刀

成形车刀主要用来车削台阶处的圆角、圆槽或车削各种特殊型面工件,如图 2.3(f)、(g)所示。

5)螺纹车刀

螺纹车刀主要用来车削各种螺纹,如图 2.3(h)所示。

6)车孔刀

车孔刀用来车削工件的内孔,如图 2.3(i)所示。

7)可转位车刀(机夹车刀)

硬质合金刀片用机夹方式固定在刀杆上,当刀刃磨损(钝)后,只需要切换至另一刀刃即可继续切削,有利于缩短换刀和磨刀时间,提高效率,如图 2.4 所示。

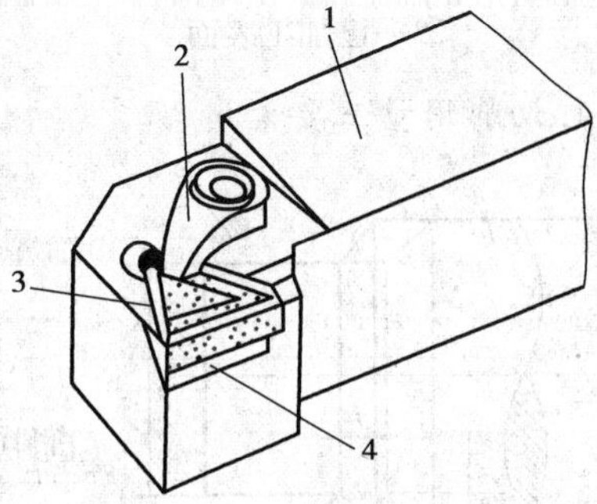

图 2.4　硬质合金可转位车刀

1—刀杆;2—压块;3—刀片;4—垫片

(2)车刀材料

为满足切削性能,车刀切削部分的材料必须具有高硬度、高耐磨性以及足够的强度和韧性等特性。常用的车刀材料有高速钢、硬质合金、陶瓷及金刚石等。

3. 车削运动

在车床上用车刀切除工件上多余金属的运动,称为车削运动。如图 2.5 所示,车削运动分为主运动和进给运动。

(1)主运动

直接切除工件上的切削层,使之转变为切屑,从而形成工件新表面的运动,称为主运动。车削时,主运动是工件的旋转运动。通常,主运动的速度较高,消耗的切削功率较大。

(2)进给运动

进给运动是使工件切削层不断进入切削,从而加工出完整表面所需的运动。进给运动可以是连续运动,也可以是间歇运动。例如,卧式车床上车刀的进给运动是连续运动,牛头刨床上工件的进给运动为间歇运动。进给运动是机床的基本运动之一,对机床的加工质量和生产效率都有直接的影响。

已加工表面是指已经切除多余金属而形成的新表面;待加工表面是指即将被切去金属层的表面;加工表面是指车刀切削刃正在车削的表面,如图 2.6 所示。

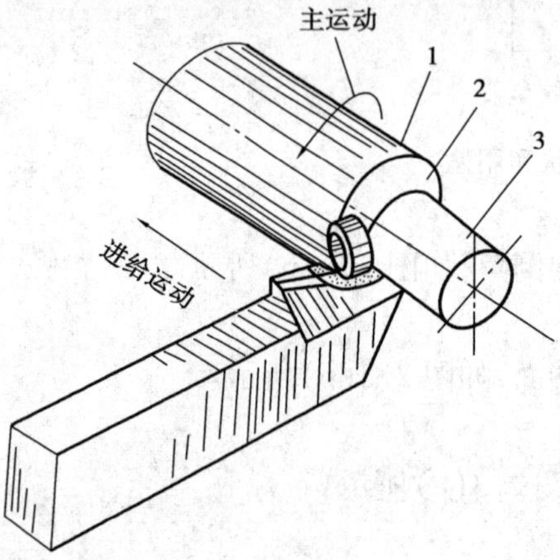

图 2.5　切削运动

1—待加工表面;2—加工表面;3—已加工表面

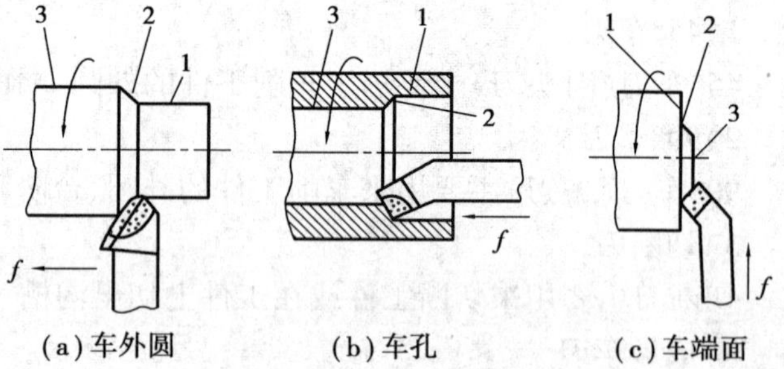

图 2.6　工件上的 3 个表面

1—已加工表面;2—加工表面;3—待加工表面

4. 切削用量三要素

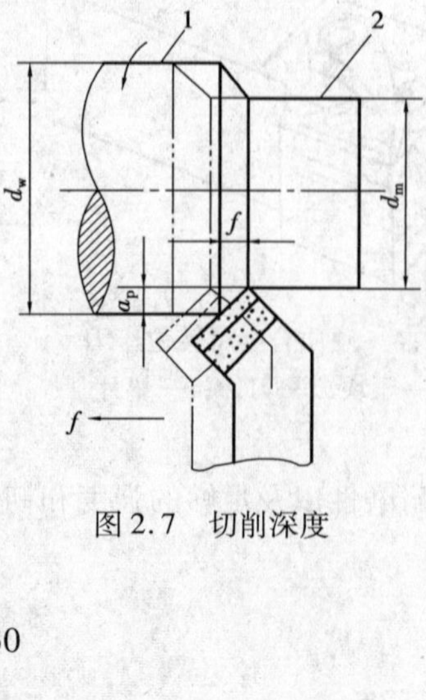

图 2.7　切削深度

切削用量是衡量切削运动大小的参数,包括切削深度、进给量和切削速度三要素。

(1)切削深度 a_p

切削深度是指工件上已加工表面和待加工表面之间的垂直距离,即每次走刀时车刀切入工件的深度,如图 2.7 所示。

(2)进给量 f

进给量是指工件每转一转,车刀沿进给方向移动的距离,如图 2.8 所示。根据进给方向,进给量可分为纵向进给量和横向进给量。纵向进给量是指沿车床床身导轨方向的进给量;横向进给量是指垂直于车床床身导轨方向的进给量。

(3)切削速度 v

切削速度是指主运动的线速度,也就是车刀在单位时间内车削工件表面的理论展开直线长度(见图2.9),即

$$v = \frac{\pi dn}{1\ 000}$$

式中　d——工件待加工表面的直径,mm;

n——车床主轴转速,r/min。

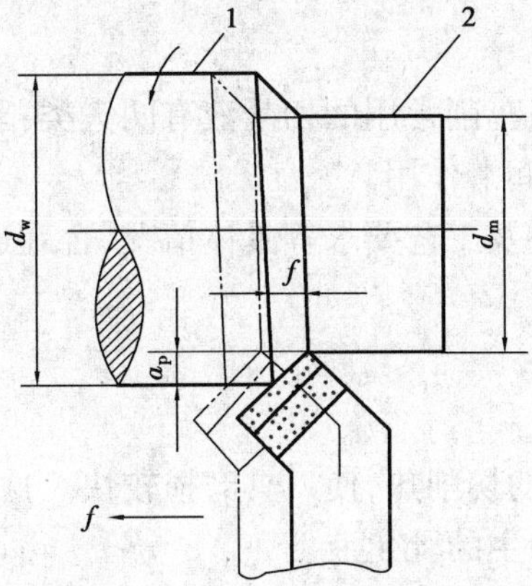

图2.8　切削深度和进给量

1—待加工表面;2—已加工表面

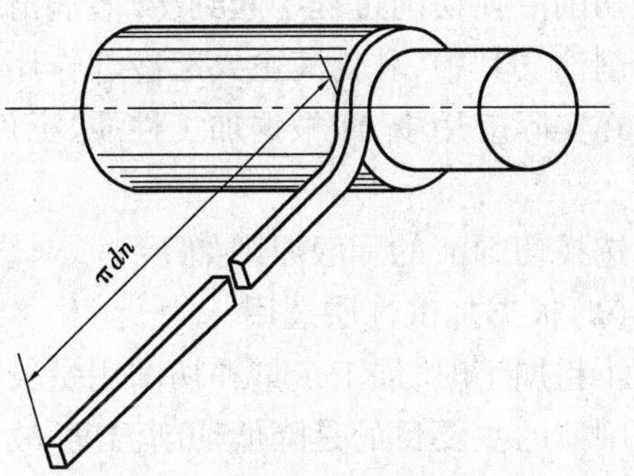

图2.9　切削速度示意图

车削时,工件作旋转运动,不同直径处各点切削速度不同。计算时,应以待加工表面直径处的切削速度为准。

在实际应用中,通常是已知工件直径,然后根据工件材料、刀具材料和加工性质等因素选择合适的切削速度,再将切削速度换算成车床转速,以便调整车床。如果计算所得的车床转速和车床铭牌上所列的转速有出入,应选取铭牌上和计算值接近的转速。

(4)切削用量的选择原则

1)切削深度

粗车时,应根据工件的加工余量和工艺系统的刚性来选择。在保留半精车余量(1~3 mm)和精车余量(0.1~0.5 mm)后,首先选用较大的吃刀深度,将余量尽可能一次车削完成,然后选择较大的进给量,最后根据刀具耐用度选用合理的切削速度。

半精车和精车时的切削深度是根据加工精度和表面粗糙度的要求,由粗加工后留下的余量确定的。用硬质合金车刀车削时,因车刀刃口在砂轮上不易磨得很锋利,故最后一刀的切削深度不宜太小,以 $a_p = 1$ mm 为宜,否则很难达到工件的表面粗糙度要求。

2)进给量

粗车时,选择进给量主要考虑车床进给机构的强度、刀杆尺寸、刀片厚度、工件直径及长度等因素,在工艺系统刚性和强度允许的情况下,可选用较大的进给量;半精车和精车时,为了减小工艺系统的弹性变形,减小已加工表面粗糙度,一般多采用较小的进给量。

3)切削速度

在保证合理的刀具寿命前提下,可根据生产经验和有关资料确定切削速度。用硬质合金车刀车削时,切削速度选择如下:

①切削热轧中碳钢,平均切削速度为100 m/min。

②切削合金钢,平均切削速度为70 m/min。

③切削调质钢,比切削正火钢、退火钢降低20% ~30%。

④切削有色金属,比切削中碳钢的切削速度提高100% ~300%。

此外,还应注意,断续切削、车削细长轴、加工大型偏心工件的切削速度不宜太高;用硬质合金车刀精车时,一般采用较高的切削速度(80 m/min 以上);用高速钢车刀时,宜采用较低的切削速度。

5. 切削液

切削液在切削过程中起到冷却、润滑和清洗的作用。车削常用的切削液有两大类:乳化液和切削油。其中,乳化液主要起冷却作用;切削油主要起润滑作用。

在实际应用中,应根据加工性质、工件材料、刀具材料及工艺要求等具体情况,合理选用切削液。

选择切削液的一般原则如下:

(1)根据加工性质选用

①粗加工时,加工余量和切削用量较大,会产生大量的切削热,使刀具磨损较快。这时,加注切削液的主要目的是降低切削温度,故应选用以冷却为主的乳化液。

②精加工时,加注切削液主要为了减少刀具与工件之间的摩擦,以保证工件的精度和表面质量,应选用润滑作用好的极压切削液或高浓度的极压乳化液。

③钻削、铰削或深孔加工时,刀具在半封闭状态下工作,排屑困难,切削液不能及时到达切削区,容易使刀刃烧伤并严重破坏工件的表面质量,应使用黏度较小的极压乳化液或极压切削油,并适当加大压力和流量,既达到冷却和润滑的目的,又能将切屑冲刷出来。

(2)根据刀具材料选用

①高速钢刀具粗加工时,用极压乳化液。

②硬质合金刀具一般不加切削液;但在加工某些硬度高、强度好、导热性差的特种材料或细长工件时,可选用以冷却作用为主的切削液。

(3)根据工件材料选用

①钢件粗加工一般用乳化液,精加工用极压切削油。

②切削铸铁、铜或铝等材料时,因切屑会堵塞冷却系统,容易使车床磨损,故一般不加切削液;精加工时,为了得到较高的表面质量,可采用黏度较小的煤油或质量分数为7% ~10%的乳化液。

③切削有色金属或铜合金时,不宜采用含硫的切削液,以免腐蚀工件;切削镁合金时,不能用切削液,以免燃烧起火,必要时可使用压缩空气。

(4)注意事项

①油状乳化液必须用水稀释(一般加15 ~20倍的水)后才能使用。

②切削液必须浇注在切削区域。

③硬质合金刀具切削时,如用切削液,必须一开始就连续充分地浇注,否则硬质合金刀片容易因骤冷而产生裂纹。

6. 工件的定位与夹紧

(1)工件的定位

在车工实训中,加工的零件主要以轴类零件为主,轴类零件通常以自身的外圆柱面为定位基准来定位。常用的定位元件有三爪自定心卡盘、定位套、V 形架及定位心轴等。

(2)工件的夹紧

工件定位后被固定,使其在加工过程中保持定位位置不变的操作,称为夹紧;夹具中使工件在加工过程中保持定位位置不变的装置,称为夹紧装置。

工件夹紧时,应注意:

①夹紧装置结构简单,夹紧动作迅速,操作方便、省力。

②夹紧力大小要适当,过大可能造成工件变形;过小可能破坏工件的定位。

③夹紧力方向正确:夹紧力的方向应尽可能垂直于主要的定位基准面;尽可能与切削力、工件重力方向一致,使夹紧更为牢固。

④夹紧力的作用点应尽可能靠近加工表面,防止切削时工件产生振动。

7. 夹具

夹具用于在车床上装夹工件,使之占有正确位置的工艺装备,称为车床夹具;使夹具在车床上占有正确位置,并将工件定位夹紧的过程,称为装夹。

(1)车床夹具的作用

①保证工件的加工精度,稳定产品质量。

②节省划线、找正时间,缩短辅助工时。

③扩大车床的加工范围,实现一机多用。

④降低对工人的技术要求,减轻工人的劳动强度。

(2)车床夹具的组成

1)定位元件

定位元件是夹具中使工件处于正确位置的元件,如 V 形架、定位销和定位块等,如图 2.10 所示的 1、2。

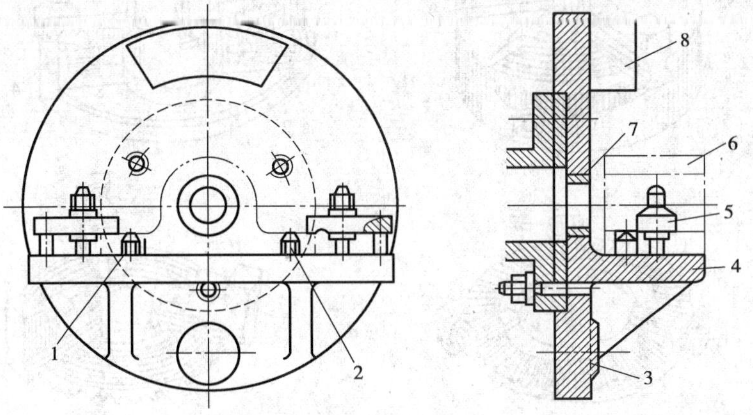

图 2.10　角铁式车床夹具

1—削边定位销;2—圆柱定位销;3—轴向定程基面;4—夹具体;

5—压板;6—工件;7—导向套;8—平衡铁

2)夹紧装置

夹紧装置是使工件在外力作用下仍能保持其既定位置的装置。夹紧装置由夹紧元件(如压板或压块)、增力装置(如杠杆、螺旋或凸轮)和动力源(如气缸、油缸等)共同组成。

3)夹具体

夹具体是把定位元件、夹紧装置等联接成一个整体,并与车床相关部位联接的装置,如图2.10所示的4。

4)对刀、引导元件

对刀、引导元件用于确定、引导刀具与夹具定位元件保持正确的相互位置的元件,如对刀块、钻套等,如图2.10所示的7。

5)其他元件和装置

其他元件和装置包括用于分度的分度装置、用于机械传动的机械传动部件、起平衡作用的平衡块等,如图2.10所示的8。

(3)夹具的分类

夹具的分类方法有多种。夹具按通用性,可分为通用夹具、专用夹具和组合夹具;按工艺用途,可分为钻床夹具、车床夹具、铣床夹具、磨床夹具及镗床夹具等;按夹具动力源,可分为手动夹具、气动夹具、液压夹具、电动夹具、磁力夹具及真空夹具等。

8.工件在车床上的装夹

(1)用三爪卡盘装夹工件

三爪卡盘具备自定心功能,又称自动定心卡盘。其优点是装夹方便、迅速,但定心精度不高(一般为0.05~0.15 mm)。

如图2.11所示,通过卡盘上的方孔扳动小锥伞齿轮,带动大伞齿轮转动,通过平面螺纹使3个卡爪同时向里或向外移动。卡爪有正爪与反爪之分。用正爪装夹工件时,工件直径不宜太大;大直径工件或盘类工件的装夹适宜采用反爪卡盘装夹。

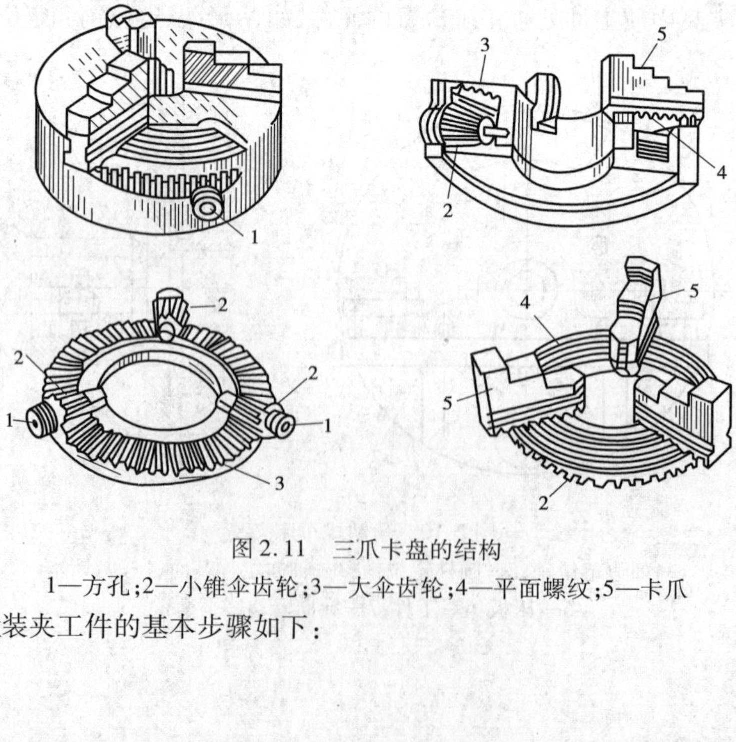

图2.11　三爪卡盘的结构

1—方孔;2—小锥伞齿轮;3—大伞齿轮;4—平面螺纹;5—卡爪

用三爪卡盘装夹工件的基本步骤如下:

①将工件在卡盘间放正，并预紧（如装夹部位为精加工表面，应加包一层铜皮，以免夹伤工件表面）。

②将主轴转速调至低速状态，并启动车床。

③检查工件有无偏摆。若有偏摆现象，应停车，并用小锤轻敲较正。

④依次拧紧3个小伞齿轮，紧固工件（强调：紧固后取下扳手）。

⑤移动车刀至车削行程左端，并手动旋转卡盘，检查刀架等是否与卡盘或工件干涉。

（2）用四爪单动卡盘装夹工件

如图2.12所示，四爪单动卡盘的每个卡爪均可单独调整，主要用于装夹方形、椭圆形或不规则形状的工件。四爪卡盘比三爪卡盘夹紧力大，也可用于大尺寸圆柱形工件的装夹。

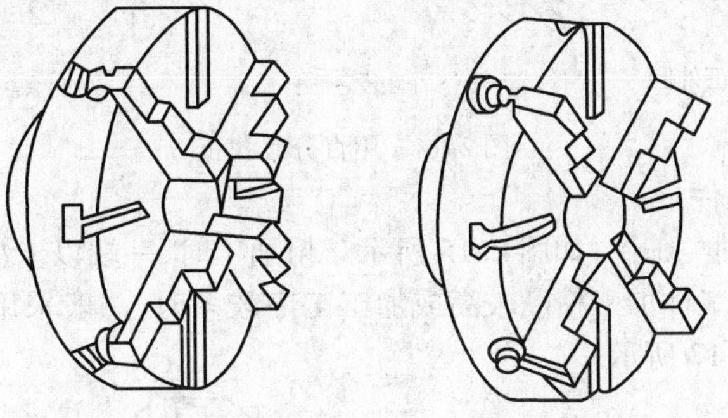

图2.12　四爪卡盘

用四爪卡盘装夹工件的基本步骤如下：

①打开卡爪，使两相对卡爪间的距离稍大于工件直径。

②装上工件，先用两个相对的卡爪夹紧，再用另两个相对的卡爪夹紧。

③用划针盘校正外圆（见图2.13（a）），慢慢旋转卡盘，观察工件表面与针尖间隙的大小，根据间隙大小调整相对卡爪的位置；找正时，要耐心、细致，直到工件旋转一周以上，使工件表面与针尖距离均等为止。

④用划针盘对端面找正，使工件端面与刀架横向进给方向平行；如图2.13（b）所示，将划针指向工件端面（靠近外圆处），手动旋转卡盘进行找正；找正后，均匀用力使四爪夹紧工件，再用划针盘在端面重新检查一次，确定工件装夹位置找正无误后，方可车削。

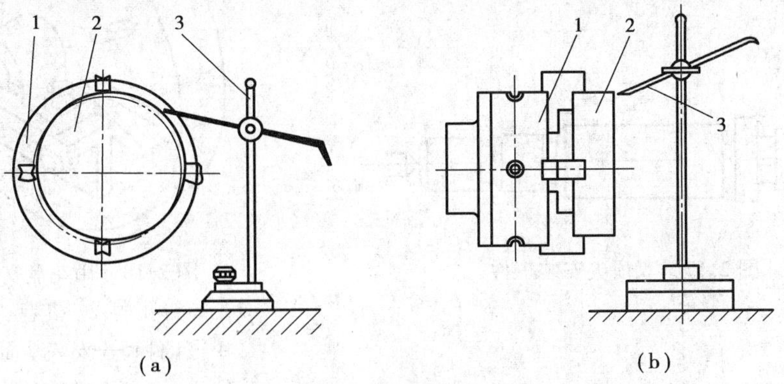

图2.13　用划线盘找正

1—四爪卡盘；2—工件；3—划针盘

对已加工表面定位且定心精度要求较高的工件,可用百分表进行找正,如图2.14所示。其方法与用划针盘找正相同。

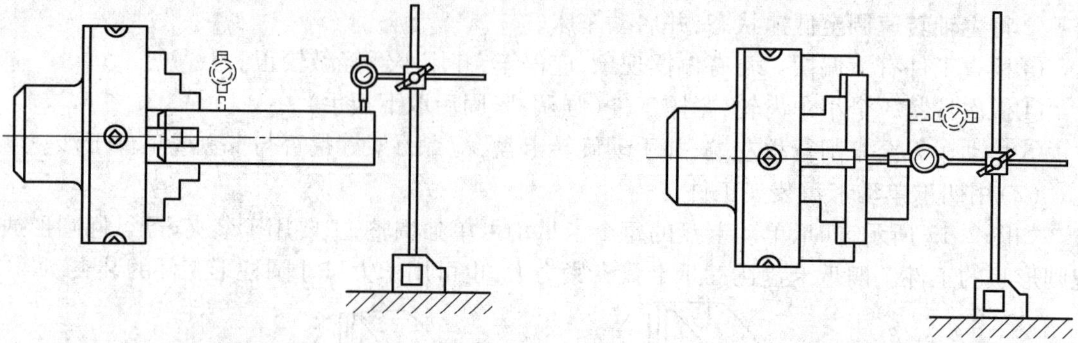

(a)校正外圆　　(b)端面找正

图2.14　用百分表找正

(3)用顶尖装夹工件

顶尖适用于装夹轴类工件,如图2.15所示。粗加工时,一端以卡盘夹持,另一端用顶尖支承,如图2.16所示;当工件加工精度较高或加工工序较多时,一般采用双顶尖安装工件,并辅以卡箍和拨盘,如图2.17所示。

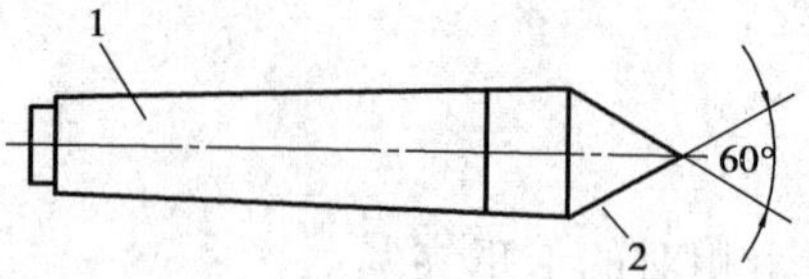

图2.15　顶尖

1—安装部分(尾部);2—支持工件部分

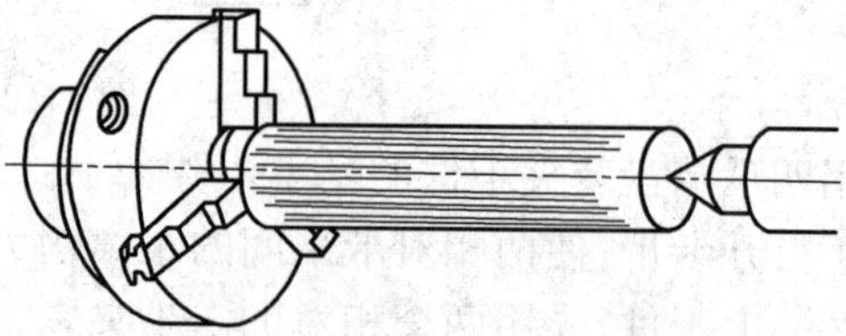

图2.16　用卡盘和顶尖安装工件

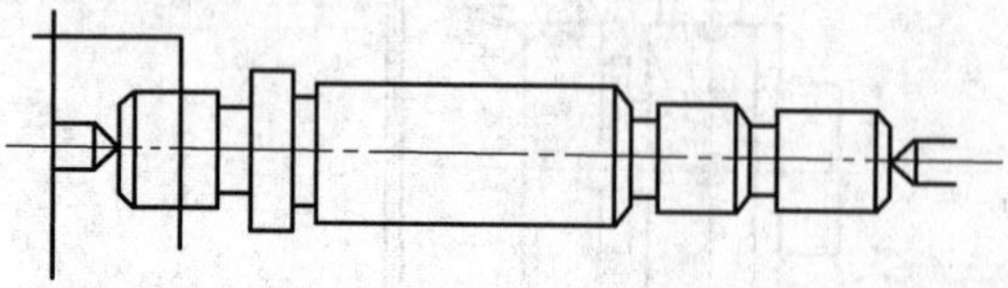

图2.17　双顶尖安装工件

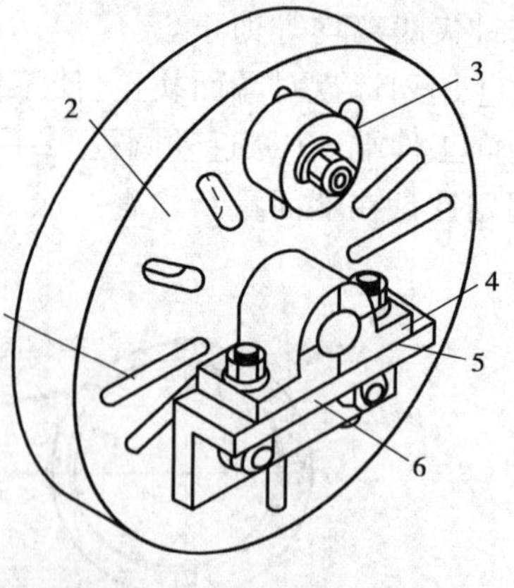

图2.18　用花盘安装工件

1—螺钉孔槽;2—花盘;3—平衡铁;4—工件;5—安装基面;6—弯板

(4)用花盘装夹工件

如图2.18所示,花盘主要用于装夹形状复杂的工件。用花盘和直角板装夹工件时,找正较费时。同时,要用平衡块平衡工件和直角板的质量,以防止旋转时产生振动。

三、实训项目

实训一：车床操作

1. 实训目的

①熟悉车床的结构。

②熟悉车床上各个按钮及手柄的作用。

③掌握车床的基本操作方法。

2. 实训内容

(1)操作车床时的站立位置

将拖板移至床身中央部位，操作纵向进给手轮时，站在如图 2.19(a)所示的前面中央位置；操作横向进给手柄和小拖板操作手柄时，站在如图 2.19(b)所示床鞍的稍右侧。

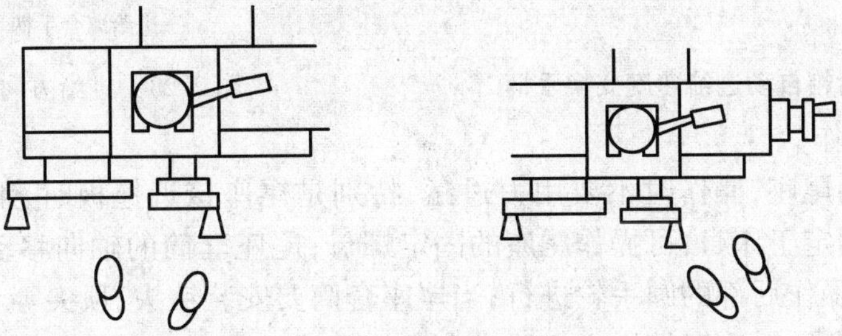

(a)操作纵向进给手轮时　　(b)操作横向进给手柄和小拖板时

图 2.19　操作手柄时的站立位置

(2)主轴变速操作

如图 2.20 所示，操作 1，3，5 手柄，使主轴得到 24 级正转转速。如果手柄拨动出现卡顿现象，可用手转动主轴一定角度后再拨动。

(3)主轴的启动、停止操作

如图 2.21 所示，手柄在中央是停止位置，手柄向上抬起为正转，手柄向下为反转。如果主轴需要换向，应先停止主轴，再操作手柄。

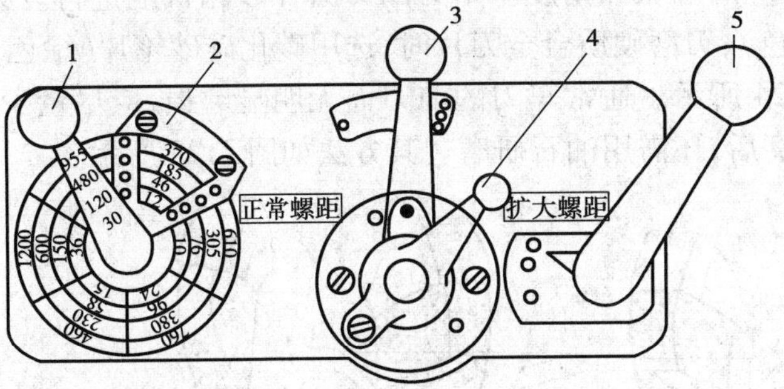

图 2.20　主轴变速操作手柄

1—操作手柄；2—扇形框；3—变速操作手柄；

4—正常及扩大螺距手柄；5—双动操作

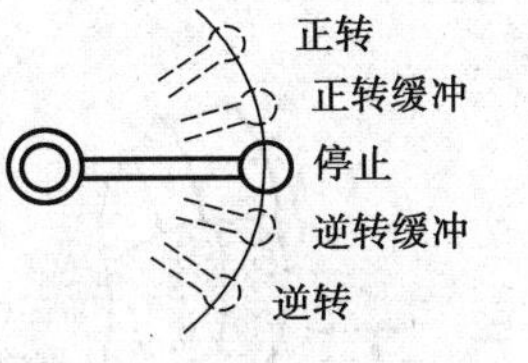

图 2.21　主轴的启动、停止

(4)自动进给速度变换操作

如图 2.22 所示，操作进给速度转换手柄 A，B，C，可实现纵向、横向自动进给。

(5)自动进给离合操作

如图2.23所示,变换纵向、横向进给方向,操作进给方向转换手柄。

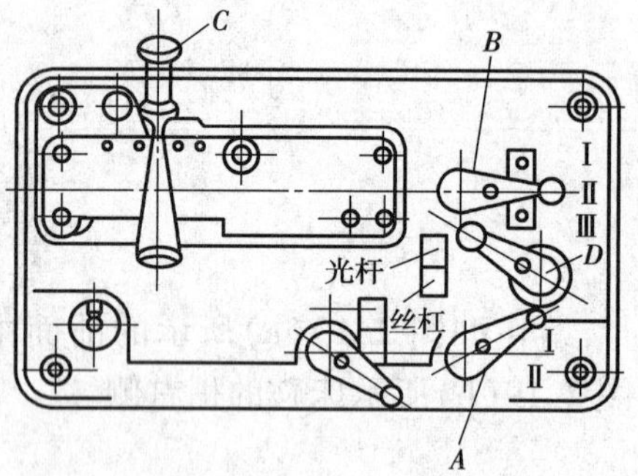

图2.22　进给箱自动进给速度变换手柄

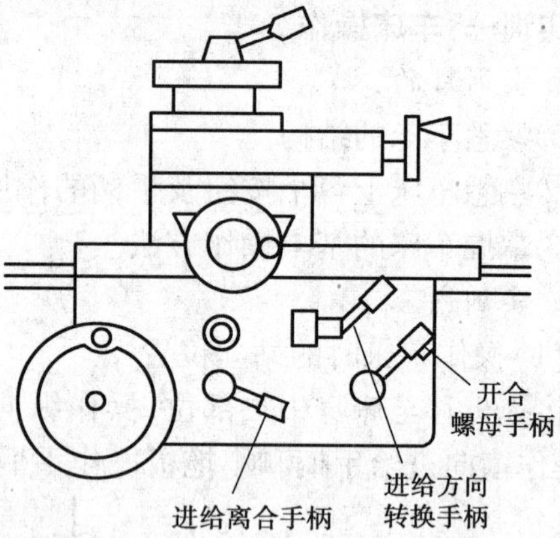

图2.23　进给方向转换手柄

(6)尾座的操作

手动方式移动尾座,操作时不要用力过猛,特别是尾座接近拖板时,用力要适当,以免碰撞。为了将尾座固定于床身,可操作尾座的固定螺母;尾座套筒的轴向移动,可在松开尾座套筒的锁紧手柄后,操作后部的圆手轮进行;当尾座套筒要安装钻头、顶尖等工具时,工具柄和尾座套筒的锥孔应擦净,对准套筒中心位置小心地放入。

实训二:车刀的刃磨及安装

1. 实训目的

①认识车刀的几何角度。

②掌握常用车刀的刃磨方法。

③掌握常用车刀的安装方法。

2. 实训内容

(1)车刀的刃磨

车刀磨钝后必须刃磨,以恢复其合理的形状和角度。车刀的刃磨在砂轮机上进行。刃磨高速钢车刀时,选用氧化铝砂轮片(白色);刃磨硬质合金刀片时,选用碳化硅砂轮片(绿色)。

车刀刃磨时的顺序和方法如图2.24所示。通常车刀的前刀面无明显磨损,应尽量少磨,主要是磨后刀面。车刀在砂轮机上刃磨后,还需用油石研磨。其方法如图2.25所示。

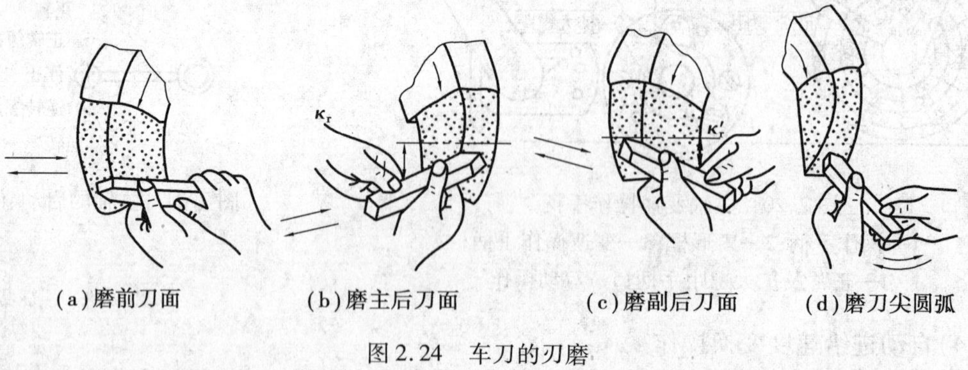

(a)磨前刀面　(b)磨主后刀面　(c)磨副后刀面　(d)磨刀尖圆弧

图2.24　车刀的刃磨

车刀刃磨时,应注意:

①在砂轮机上刃磨时,应戴防护眼镜,站在砂轮机侧面。

②握稳车刀,轻触砂轮片,待接触平稳后适当施加压力,慢慢、平稳地移动车刀。

③在刃磨过程中,要经常蘸水冷却,以防车刀刃口处过热产生退火;但是,硬质合金刀具不可蘸水,以免产生裂纹。

④随时检查车刀的主要刃磨角度,如不准确,应及时修正。

(2)车刀的刃磨练习

如图 2.26 所示,刃磨 90°偏刀并检验角度。质量检查及评分见表 2.1。

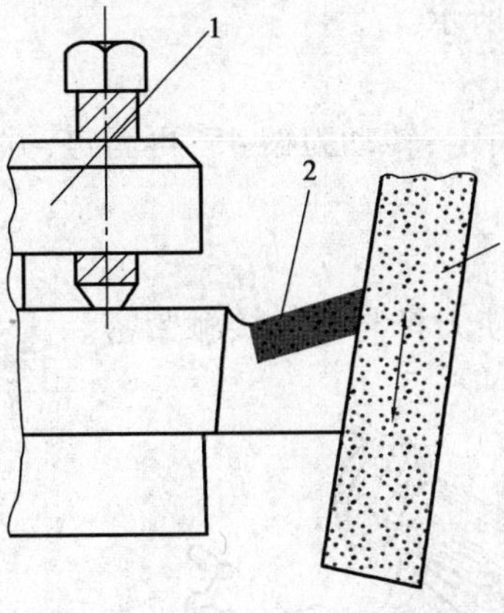

图 2.25　用油石研磨

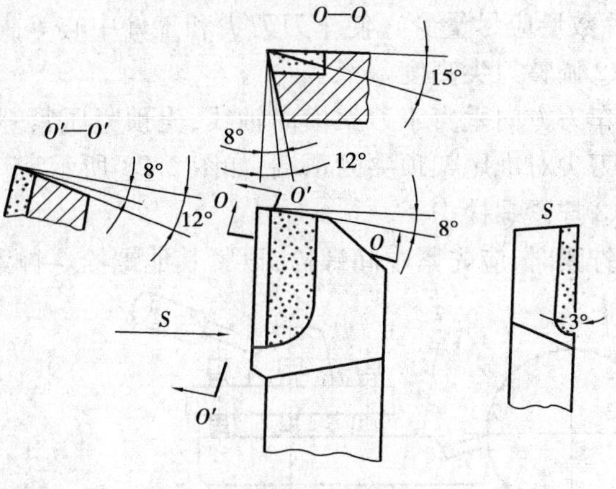

图 2.26　90°偏刀的角度要求

表 2.1　质量检查及评分表

序号	检查项目	配分	评分标准	检测结果	得分	备注
1	前角	15	1. 参照技术要求,单项稍差适当扣分,太差的全扣 2. 不能正常车削的车刀评为不及格(如没有后角或副偏角)			
2	主后角	10				
3	副后角	10				
4	主偏角	10				
5	副偏角	10				
6	刃倾角	10				
7	刃口平直锋利	5				
8	前刀面	10				
9	主后刀面	10				
10	副后刀面	10				

(3)刃磨高速钢切断刀的方法

①粗磨主后刀面,保证 α 为 5°~7°。

②粗、精磨副后刀面,并保证 κ_r' 为 1°~1.5°。

③刃磨前刀面并保证角度。

④精磨主后刀面和过渡刀刃,角度 α_o 为 6°~8°。

(4)车刀的安装

1)车刀的安装要求

①车刀的安装高度适宜,要求车刀刀尖与工件中心等高。

②车刀伸出刀架部分尽量短,一般伸出长度不大于车刀厚度的2倍,约为1.5倍。

③车刀牢固地拧紧在刀架上。

2)车刀的安装步骤和方法

①将车刀置于垫片上

首先用棉纱将刀架安装面、车刀及垫片擦拭干净,然后挑选数片垫片重叠后垫在车刀下面(垫片数量应尽量少),使车刀刀尖和工件中心等高,如图2.27所示。

②调整刀尖高度

车刀方向垂直于刀架横向轴线,先预紧压紧螺栓,将车刀固定;转动刀架45°再固定,并将车刀刀尖对准尾架顶尖的顶端,如图2.28所示。

③拧紧螺栓

拧紧时,应先紧中间螺栓,再紧其他螺栓。拧紧力要均匀,使刀杆与垫片接触紧密。

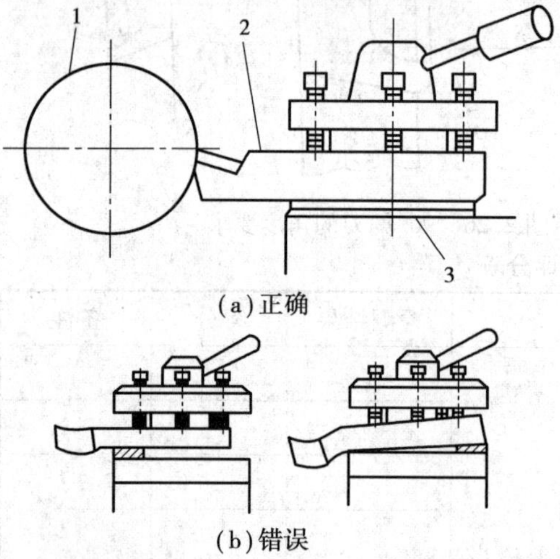

图2.27 车刀垫片的使用

1—工件;2—车刀;3—垫片

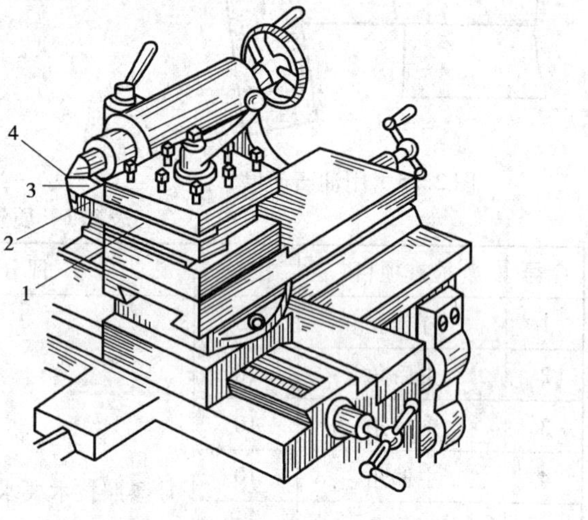

图2.28 调整刀尖高度

1—刀体与工件轴线垂直;2—刀头伸出小于2倍刀体高度;3—刀头前面朝上;4—刀尖对准顶尖

3)注意事项

①粗车时,一般切削量较大,车刀弯曲变形大;安装车刀时,刀尖高度应稍高于工件中心,当车刀因切削力的作用弯曲时,刀尖高度刚好与工件中心等高。

②垫片应经过精磨。

③应备有多种厚度的垫片。

实训三:轴类零件车削

1. 实训目的

①掌握轴类零件车削的基本技能:车端面、车外圆、车台阶外圆、车台阶轴、钻中心孔、车沟槽及切断。

②掌握轴类零件车削时的基本装夹方法。

2. 实训内容

材料及工具准备:45#钢 $\phi25\times80$ 一件,YT15 外圆车刀(90°)一把,端面车刀一把,切断刀一把(自磨),卡尺一把。

(1)技术要求

①车外圆 $\phi20$,保证外圆尺寸 $\phi20$。

②车外圆 $\phi12$,保证外圆尺寸 $\phi12$,保证表面粗糙度 $Ra3.2$。

③车端面,保证长度尺寸 14。

④调头,夹持外圆 $\phi12$,切断,保证总长 42。

⑤车端面,保证总长 40。

⑥车外圆 $\phi15$,保证外圆尺寸 $\phi15$,保证表面粗糙度 $Ra3.2$。

(2)车端面

车端面的主要步骤如下:

①正确装夹工件。

②选用和安装端面车刀。常用端面车刀除 45°,90°车刀外,还有 90°横刃端面车刀,如图 2.29 所示;粗车端面时,应选刀尖强度较高的 45°车刀或 90°横刃端面车刀;精车时,应选用 90°车刀;车端面时,要求刀尖严格对准工件中心,高于或低于工件中心都会使端面中心处留有凸台,并且容易损坏刀尖。

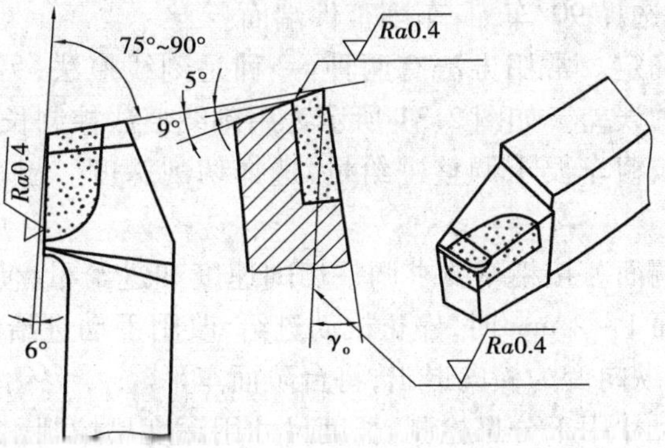

图 2.29　90°横刃端面车刀

③移动床鞍和中滑板,使车刀靠近工件端面后,锁紧床鞍固定螺钉。

④测量毛坯长度。先车削的一面尽量少车,余量应在另一面车去;车端面前,应先倒角,防止因表面硬层损坏刀尖。

⑤双手摇动中滑板手柄车端面。手动进给速度要均匀,切削深度可用小滑板刻度控制。

⑥端面的精度检查。用钢直尺或刀口直尺检查端面直线度;表面粗糙度可用粗糙度样板对比法检查。

(3)车外圆

车外圆的主要步骤如下:

①选择外圆车刀。外圆车刀主要有 45°,75°,90°车刀;45°车刀主要用于车外圆、端面和倒角;75°车刀主要用于粗车外圆;90°车刀主要用于车外圆或有垂直台阶的外圆。

②检查毛坯尺寸,划线确定车削长度。

③启动车床,移动床鞍和中滑板,进行试切削、试测量。

④根据测量尺寸调整切削深度。

⑤倒角、自检各部尺寸、交检。工件外径尺寸可用千分尺检测;表面粗糙度用粗糙度样板对比法检查。

⑥工件调头车外圆。利用卡盘装夹等直径轴,在没有装夹余量的情况下,外圆只能采用接刀的方法完成。接刀时,为方便找正,一般采用四爪单动卡盘装夹,其校正方法如图 2.30 所示。

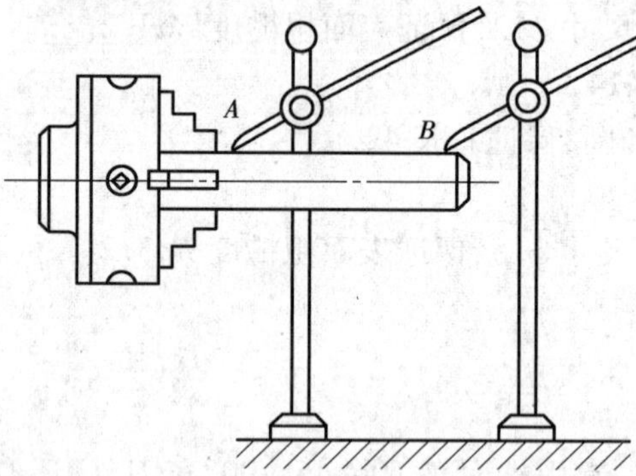

图 2.30　工件的调头找正

(4)车台阶外圆

车削台阶外圆的主要步骤如下:

①装夹工件并找正,选择 90°车刀,车削工件端面。

②台阶外圆长度的确定。常用方法有两种:一种是刻线痕法,另一种是床鞍刻度盘控制法。两种方法都有一定的误差。如图 2.31 所示为用刻线痕法控制长度。

③粗车台阶外圆。按粗车要求调整进给量,选择切削深度。粗车时,各部应留精车余量 0.5 ~1 mm。

④精车台阶外圆和端面。按精车要求调整切削速度和进给量;使用机动进给,试切外圆;精车台阶外圆至台阶端面 1 ~2 mm 时,停止机动进给,改用手动进给继续车削外圆;当刀尖切入台阶面时,车刀慢慢由纵向变为横向退出,将台阶面车平。

⑤检验。台阶外圆尺寸用千分尺检测,长度尺寸用深度尺控制,表面粗糙度用粗糙度样板对比法检查。

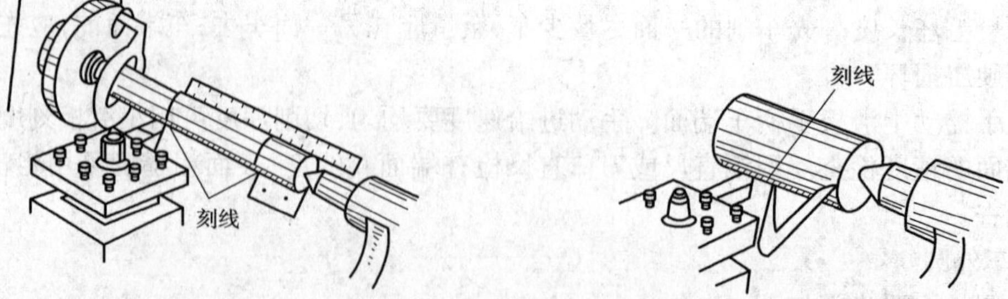

(a)钢直尺控制　　(b)内卡钳控制

图 2.31　台阶长度控制法

(5)在两顶尖间车削外圆

在两顶尖间车削外圆的主要步骤如下:

①准备工作。用前后顶尖装夹工件。前顶尖有两种：一种是插入主轴锥孔内的，如图2.32(a)所示；另一种是自制的，如图2.32(b)所示。后顶尖也有两种：一种是固定顶尖，另一种是回转顶尖，如图2.33所示。

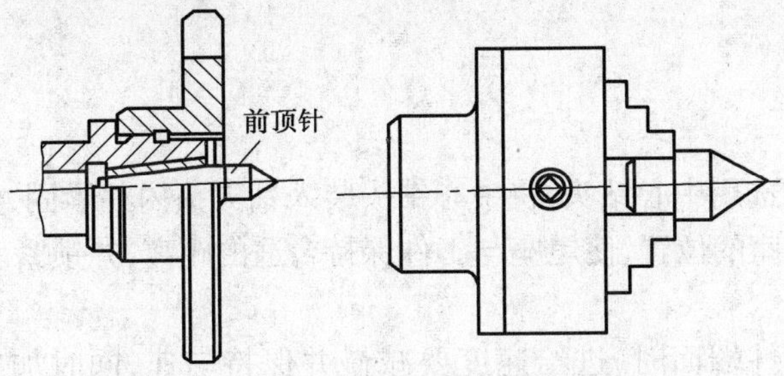

(a)锥体前顶尖　(b)自制前顶尖

图2.32　前顶尖类型

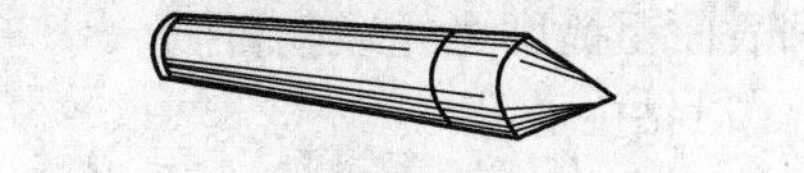

(a)固定顶尖

(b)回转顶尖

图2.33　后顶尖类型

②按工件直径选用传动装置。工件直径较大时，选对分夹头；工件直径较小时，选鸡心夹头，如图2.34所示。

③对准前后顶尖。移动尾座，使后顶尖与前顶尖轻微接触，目测是否对准；若有偏移，应横向调整尾座进行找正。

④装夹工件。在工件一端外圆上装上合适的传动装置，并拧紧螺钉；调整工件的顶紧程度；移动床鞍，观察前后有无碰撞现象。

⑤在两顶尖间车削外圆。

⑥检测工件两端尺寸是否一致或在公差内；检测工件的圆柱度是否符合要求。

(6)一夹一顶车台阶轴

一夹一顶车台阶轴的主要步骤如下：

①准备工作。把工件的一端车平，钻中心孔；在主轴孔中装上限位装置，也可车一段长10～15 mm的台阶作限位；工件一夹一顶装夹，要求松紧程度合适；将工件夹紧，尾座套筒锁紧。一夹一顶装夹方法如图2.35所示。

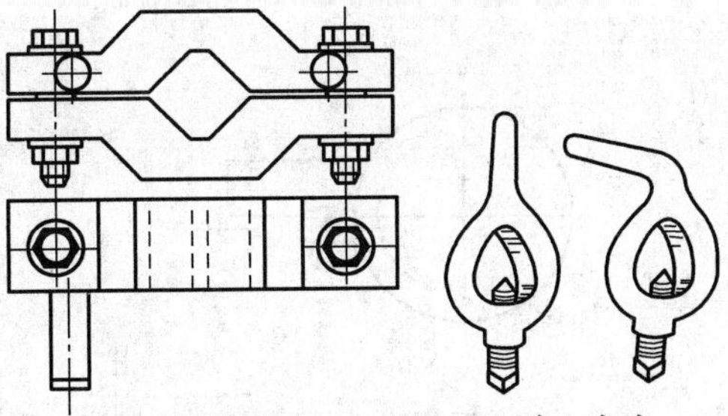

(a)对分夹头　(b)鸡心夹头

图2.34　传动装置

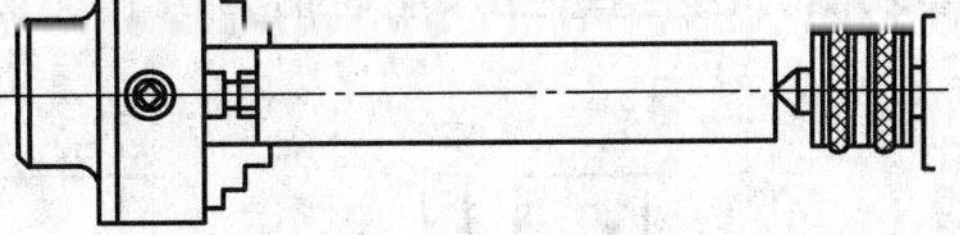

(a)用限位装置限位

(b)车台阶限位

图2.35　一夹一顶装夹工件

②台阶的车削顺序。粗车台阶时，为使轴在整个车削过程中保持较好的刚性，一般应从直径最大的一段开始车削，依次车削到直径最小的一段。

③粗车台阶外圆、粗车台阶。外圆余量一般留1～2 mm，长度留0.5～1 mm；长度第一段按所留余量车削，其余各段车削至尺寸。

④精车台阶外圆。精车的顺序与粗车相同,由大直径到小直径;台阶外圆和长度均车削至尺寸,并在外圆上倒角。

⑤检查。用百分表检查同轴度;用千分尺检查外径;长度尺寸用游标卡尺和深度尺检验,外圆表面粗糙度可凭经验目测。

(7)钻中心孔

钻中心孔的主要步骤如下:

①准备工作。装夹工件,并车平两端面;选用中心钻头,将中心钻头装入钻夹头内并紧固,然后将锥柄擦净,用力插入尾座套筒内;调整尾座的位置,使尾座与工件保持合适的距离,并锁紧。

②选择主轴转速,要求 $n>1\ 000\ \text{r/min}$。

③向前移动尾座套筒,当中心钻钻入工件端面时,进给速度要减慢并保持匀速,同时加入切削液;当中心钻钻削至尺寸时,先停止进给,再停车,利用主轴惯性将中心孔表面修圆整。

(8)车沟槽

车沟槽的主要步骤如下:

①刃磨车槽刀。车槽刀与切断刀的几何角度相同,但主切削刃形状和长度应根据图样要求刃磨;矩形车槽刀要求主切削刃直线度好,以保证槽底平直。

②装夹车槽刀。装夹时,要求主切削刃与工件外圆轴线保持平行,横向退出后再将刀紧固。

③调整主轴转速。车槽的切削速度应略低于切断的速度。

④车轴肩沟槽采用等于槽宽的车槽刀,沿着轴肩将槽车削出,直到符合图样要求为止。

(9)切断

切断的主要步骤如下:

1)切断刀的装夹

切断刀不宜伸出过长,主切削刃要对准工件中心,高或低于工件中心都可能使刀头折断;装刀时,应检查两侧副偏角。检查切断刀两侧副偏角的方法有两种:一是将 90°角尺靠在工件已加工表面外圆上检查;二是将副切削刃紧靠在已加工表面上,检查刀头与端面的接触。

2)切断

切断方法有直进法、左右借刀法和反切法,如图 2.36 所示。

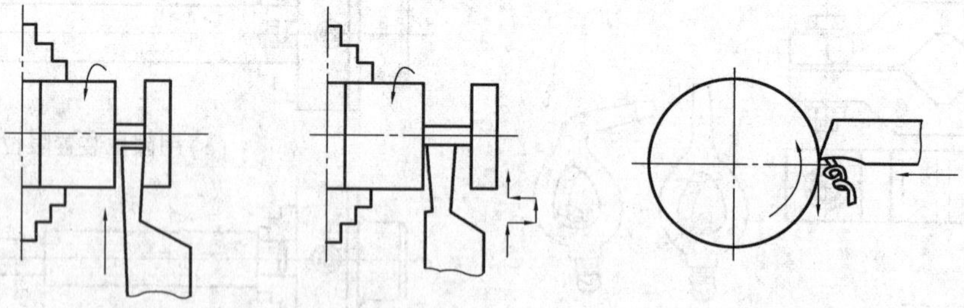

(a)直进法　(b)左右借刀法　(c)反切法

图 2.36　切断方法

A. 直进法

切断车刀只作横向连续进给,将工件切下。常用于直径较小、切断口较小的场合。它具有操作简便、节约材料、应用广泛等特点。

B. 左右借刀法

车刀横向和纵向进给交替进行。它用于直径较大、刀头长度较短的场合。

C. 反切法

车床主轴反转，车刀反装；切断较平稳，排屑顺利，但卡盘必须有保证装置。

3）检验

用钢直尺或刀口尺检测被切断面的平面度。

实训四：销轴零件的车削

1. 实训目的

①熟悉轴类零件的车削方法。

②按照图纸要求车削销轴。

2. 实训内容

实训内容如图 2.37 所示。

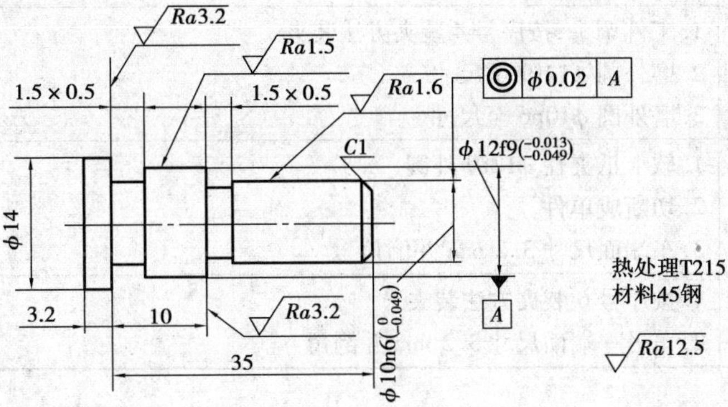

图 2.37　销轴

（1）销轴工艺分析

通过分析零件图样，尺寸精度、位置精度和表面粗糙度要求较高，车削加工时必须留 0.3～0.45 mm的磨削余量。此工件直径小且长度短，磨削加工无法装夹，因此，在车削加工时，应把两件连在一起加工，磨削后再切断。外圆采用磨削加工，对车削的表面粗糙度要求不高，因此，用硬质合金车刀车削可提高加工效率。另外，因工件较短，不需钻中心孔。

（2）准备工作

①备好 90°，45°外圆车刀及切槽刀、切断刀。

②选择切削速度。因工件直径较小且短，可选用 $n>80$ r/min。

（3）销轴加工步骤及方法

销轴加工步骤及方法见表 2.2。

表 2.2　销轴加工步骤及方法

序号	工步	加工内容
1	热处理	调质 215HBS
2	车	1. 三爪自定心卡盘夹毛坯外圆，车端面，毛坯车平即可 2. 车外圆 $\phi14$ mm 至尺寸 3. 车外圆 $\phi12f9 \sim \phi12.40^{\ 0}_{-0.1}$ mm，长度 31.8 mm 4. 车外圆 $\phi10n6 \sim \phi10.40^{\ 0}_{-0.1}$ mm，长度 21.8 mm 5. 车沟槽 1.5 mm×0.5 mm 至尺寸（注意加上磨削余量） 6. 倒角

续表

序号	工步	加工内容
3	车	1. 工件调头,夹 $\phi12.4$ mm 外圆,车端面,车平即可 2. 车外圆 $\phi12f9\sim\phi12.40_{-0.1}^{0}$ mm,长度 31.8 mm 3. 车外圆 $\phi10n6\sim\phi10.40_{-0.1}^{0}$ mm,长度 21.8 mm 4. 车沟槽 1.5 mm×0.5 mm 至尺寸(注意加上磨削余量) 5. 倒角
4	磨	1. 三爪自定心卡盘夹一端,磨外圆 $\phi12f9$ 至尺寸 2. 磨外圆 $\phi10n6$ 至尺寸
5	磨	1. 工件调头,按序号 4 装夹方法装夹 2. 磨外圆 $\phi12f9$ 至尺寸 3. 磨外圆 $\phi10n6$ 至尺寸
6	车	1. 软卡爪夹住 $\phi12f9$ 外圆 2. 切断成单件 3. 车端面尺寸 3.2 mm 并倒角
7	车	1. 按序号 6 装夹方法装夹 2. 车另一端面尺寸 3.2 mm 并倒角

实训五:盘套类零件车削

1. 实训目的

①熟悉车削孔、车削内沟槽的方法。

②会车削简单的盘套类零件。

2. 实训内容

(1)车削通孔

1)准备工作

根据孔径的大小和长度选用和装夹通孔车刀;选择合理的切削速度(车孔的切削速度应比车外圆的切削速度稍小)。

2)粗车孔

车削孔的方法与车削外圆基本相似,所不同的是进退刀的方向正好与车外圆相反,进刀深度要小于车外圆。其操作方法如下:

①首先开动车床,使内孔车刀刀尖与孔壁接触,然后车刀纵向退出,并把中滑板刻度置零位,如图 2.38 所示。

②根据孔的加工余量,确定切削深度,一般取 2 mm 左右,用中滑板刻度盘控制。

③摇动溜板箱上的手轮,移动车刀至孔的边缘,合上纵向进给手柄,观察切屑排出是否顺利;当车削声停止时,立即脱开进刀手柄,停止进给;向前横向摇动中滑板手轮,使内孔车刀刀尖脱离孔壁;摇动溜板箱手轮,快速退出车刀。

3)精车孔(见图 2.39)

适当提高主轴转速,将精车刀的刀尖与孔壁接触,进刀 0.1 mm 试车削;当车刀沿孔切深

3 mm时,停止进给并停下车床;在卡盘停转之前,快速纵向退出车刀;用卡钳、卡尺测量出正确的尺寸后,最后一刀进刀深度为0.1～0.2 mm,进给量选0.08～0.5 mm/r,精车削至尺寸。

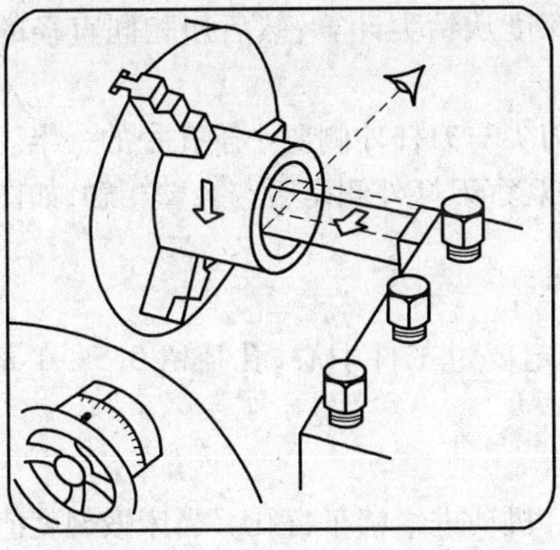

图2.38　粗车孔时的对刀方法

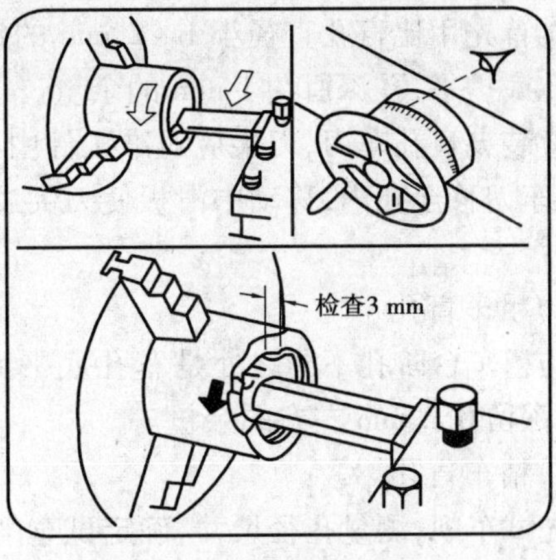

图2.39　精车孔试车削的方法

(2)车台阶孔

1)准备工作

根据台阶孔的直径尺寸选用合适的钻头;选择并装夹内孔车刀,并在孔内试移动一次;在车削内台阶孔面时,刀杆外侧与孔壁之间应留有一定的空隙,以防刀杆碰伤孔壁,如图2.40所示。

2)车台阶孔的方法和步骤

①粗车小孔,留精车量0.3～0.5 mm,其余步骤与车通孔相同。

②粗车大孔。

a.开动车床,使用内孔刀车平端面,并将小滑板刻度调至零位,同时将床鞍刻度也调至零位。粗车时,用床鞍刻度盘控制;精车时,用小滑板刻度盘控制。

b.移动中滑板,使刀尖与孔壁接触,纵向退出车刀,把中滑板刻度置零位。

c.移动中滑板,调整好粗车切削深度,纵向自动进给,粗车孔,留0.3～0.5 mm精车余量。

d.当床鞍刻度接近孔深时,改用手动进给至台阶孔的台面尺寸,停止进给,摇动中滑板手柄横向进给车台阶孔的内端面至尺寸,如图2.41所示。

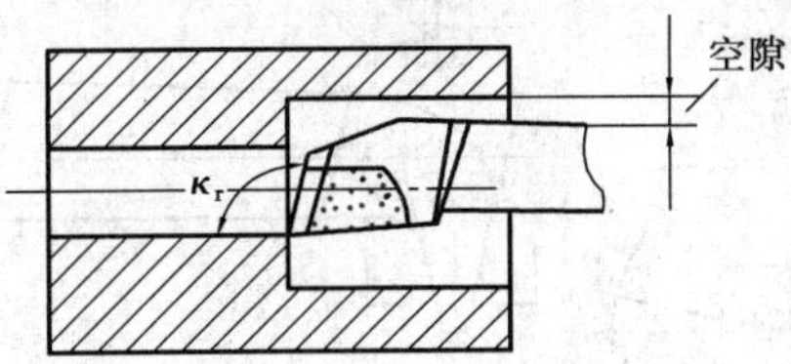

图2.40　车台阶孔刀杆外侧位置

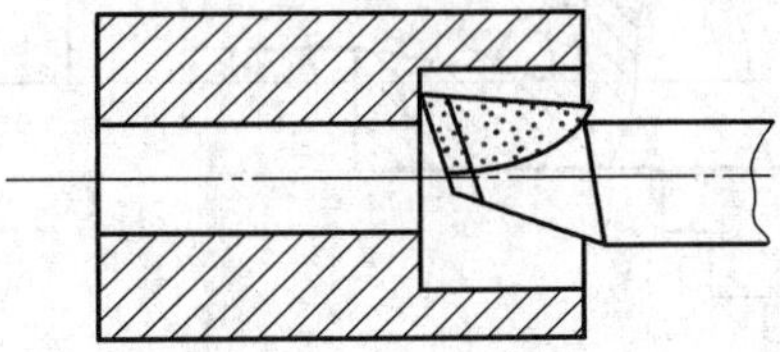

图2.41　车台阶孔内端面

③精车台阶孔。

a.精车小孔至尺寸,方法与车通孔相同。

b.精车大孔。试车削尺寸正确后,纵向进给,精车孔。当床鞍刻度值接近孔深时,立即停止进给,手动继续进给至刀尖刚刚接触台阶面时退出车刀。

c.用内孔车刀倒角。

(3)车盲孔

1)准备工作

①首先用比盲孔直径小1~2 mm的钻头钻孔,深度从钻尖计算;然后用相同直径的平头钻将孔底扩平,孔深留约1 mm的余量。

②装夹盲孔车刀,刀尖应对准工件中心。同时,刀尖与刀杆外侧要小于孔径的一半。车削前,把车刀移至孔内,移动中滑板使刀尖过工件中心,观察刀杆外侧是否与孔壁相触,如图2.42所示。

2)粗车盲孔

与粗车台阶孔不同之处是车孔底平面时车刀一定要过工件中心,孔径留0.5~1 mm余量,孔深留0.2 mm左右的余量。

3)精车盲孔

先试车削,测量孔径尺寸,确定试车削尺寸正确后机动进给精车盲孔。当床鞍刻度值离孔深2~3 mm时,停止机动进给,改用手动继续进给;当刀尖刚刚接触孔底时,用小滑板手动进给,使切削深度等于精车孔深的余量,然后用中滑板进刀车平盲孔底平面。

(4)车内沟槽

1)准备工作

根据被加工孔径尺寸大小、深浅选用内沟槽刀,其几何角度与外沟槽刀基本相同;不同的是内沟槽车刀的后角一般刃磨成双重后角,如图2.43所示。安装内沟槽刀时,主切削刃必须与内孔素线平行,其他与装夹内孔车刀一致。

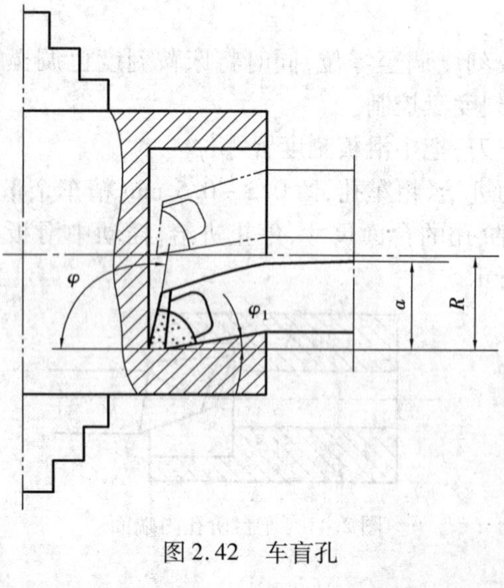

图2.42 车盲孔

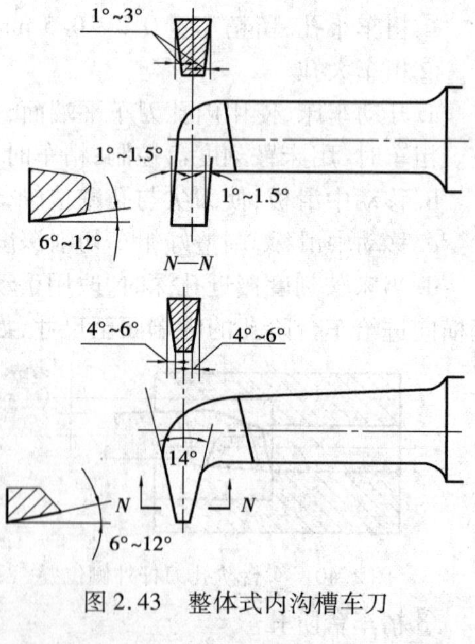

图2.43 整体式内沟槽车刀

2)内沟槽车削

①车窄内沟槽

如图2.44所示,把内沟槽成形刀置于孔内,对准切削沟槽的位置,使刀刃与孔壁接触。将中滑板刻度置零位,根据沟槽深度计算出中滑板进刀格数。开动车床,均匀地摇动中滑板手轮,至切削深度尺寸时,车刀稍作滞留,修光槽底。横向退出车刀(注意:刀杆外侧勿碰孔壁),

然后用床鞍纵向退出车刀。

②车宽内沟槽

如图 2.45(a)所示,先用通孔车刀车出凹槽。车凹槽时,要留出足够的精车余量。对矩形内沟槽,需用矩形内沟槽刀将两侧斜面车成直角;对梯形沟槽,需用梯形沟槽刀将两侧斜面车成斜角。

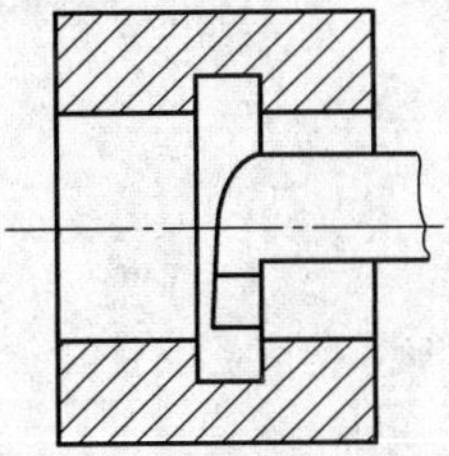

图 2.44　车窄内沟槽

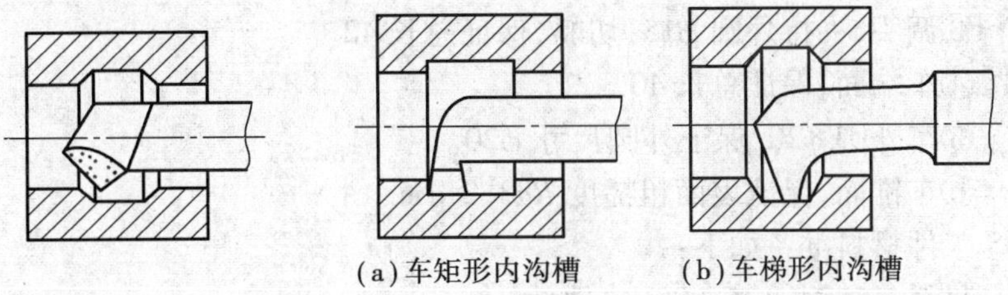

图 2.45　车宽内沟槽

实训六:调整垫圈车削

1. 实训目的

①熟悉盘套类零件的车削方法。

②能按照图纸要求车削出合格的调整垫圈。

2. 实训内容(见图 2.46)

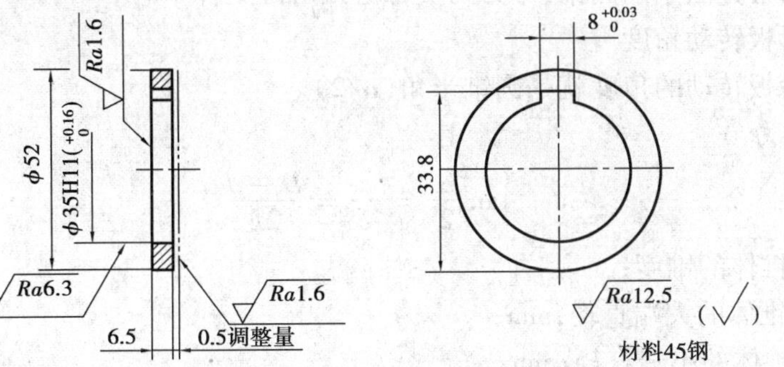

图 2.46　调整垫圈

(1)工艺分析

①两平面粗糙度 $Ra1.6$ μm,要进行磨削加工。车削加工时,应留磨削余量 0.05 ~0.1 mm。

②图样上标注的 0.5 mm 的调整量是装配时修整用的,因此,车削加工时的实际厚度为 7.1 ~7.2 mm。

③因两平面磨削可直接用切断刀切断,故不需要再车端面,但两侧面一定要平整。

(2)装夹方法

用三爪自定心卡盘装夹工件,工件伸出长度为 2 ~3 个垫圈长度再加上切削量。

(3)调整垫圈的车削

用三爪自定心卡盘夹持工件外圆,伸出长度约 40 mm;车平端面;车外圆 $\phi52$ mm 至尺寸;钻孔 $\phi34$ mm;车孔 $\phi35^{+0.16}_{0}$ mm 至尺寸;锐角倒钝;切断,保持长度 $7^{+0.2}_{+0.1}$。

实训七:圆锥车削

1. 实训目的

①掌握锥度的车削方法。

②了解锥度的测量方法。

2. 实训内容

技术要求如下:

①车外圆 $\phi15$,保证外圆尺寸 $\phi15$,保证表面粗糙度 $Ra3.2\ \mu m$。

②车端面,保证长度尺寸16。

③调头,夹持外圆 $\phi15$,切断,保证总长42。

④车端面,保证总长40。

⑤车外圆 $\phi20$,保证外圆尺寸 $\phi20$。

⑥车锥面,保证表面粗糙度 $Ra3.2\ \mu m$。

工件材料准备如下:

材料:45#钢,$\phi25\times80$,一件。

工具:YT15外圆车刀(90°)一把,端面车刀一把,平面刀一把(自磨),卡尺一把,万能角度尺一把。

(1)转动小滑板车圆锥

1)准备工作

①装夹车刀

无论采用何种方法车削圆锥,车刀刀尖都必须对准工件中心。

②计算小滑板转动角度

车床上小滑板转动的角度就是圆锥半角($\alpha/2$)。

$\alpha/2$ 可计算为

$$\tan\frac{\alpha}{2}=\frac{c}{2}=\frac{D-d}{2L}$$

式中 C——圆锥体的锥度;

D——圆锥体的大端直径,mm;

d——圆锥体的小端直径,mm;

L——圆锥体锥形部分的长度,mm。

当圆锥半角在6°以下时,可采用近似公式计算为

$$\frac{\alpha}{2}\approx 28.7\times\frac{D-d}{L}$$

③转动小滑板

如图2.47所示,用扳手将转盘螺母松开,把转盘顺着圆锥素线方向转动至所需要的圆锥半角($\alpha/2$)的刻度线上。

2)外圆锥车削

首先按圆锥大端直径及锥体部分的长度,车出圆柱体,然后再按下列步骤车圆锥体:

①调整小滑板导轨间隙

对小滑板导轨清洗、修整、润滑,使其摇动起来松紧合适,进退自如。

②确定小滑板行程

小滑板的工作行程应大于圆锥加工的长度;将小滑板后退至工作行程的起点,试移动一次,以检查工作行程是否足够。

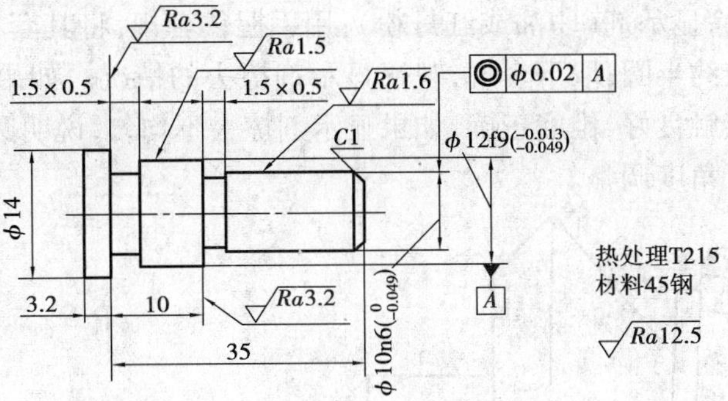

图 2.47 利用刻度转动小滑板角度

③粗车圆锥

粗车时，应找正圆锥的角度，留精车余量 0.5 ~1 mm。其操作方法如下：

a. 移动中、小滑板，使刀尖与工件轴端接触，小滑板后退 6 mm，中滑板刻度置零位，作为粗车的起始位置。

b. 中滑板刻度向前进给，调整切削深度后开动车床，双手交替均匀地摇动小滑板手轮，切削深度会逐渐减小；至切削深度接近零时，记下中滑板刻度值；将车刀退出，小滑板快退至原位。

c. 在原刻度的基础上调整切削深度，粗车至圆锥小端，直径留 1.5 ~2 mm 余量。

④粗车后检查圆锥角度

用套规检查。检查前，要求将锥体车平直，表面粗糙度应小于 3.2 μm。检查时，用锥形套规轻轻套在工件圆锥上，用手捏住套规在左右两端分别上下摆动。如发现其中一端有间隙，则说明工件的锥度不正确；如发现大端有间隙，则说明工件圆锥角度太小；如小端有间隙，则说明圆锥角度太大。

⑤找正角度的方法及操作步骤

a. 松开转盘螺母。先松开靠近工件的螺母，后松开靠近操作者身边的螺母。注意，不要松得太开，以防撞碰造成角度变动。

b. 微量调整角度。用左手拇指按在转盘与中滑板的接缝处，用右手依角度调整方向轻轻敲动小滑板，使角度朝着正确的方向做极微小的转动。

c. 小滑板调整后试车削的起始位置一般选择在圆锥的中间位置。其找正方法是：移动中、小滑板，使刀尖处在圆锥长度的中间，并与圆锥表面接触；记下刻度值后中滑板横向退出，小滑板退至圆锥小端面外，中滑板刻度进至之前记下的刻度值；缓慢均匀地双手摇动小滑板作全程车削；再次用套规检查，直到左右两端都不摆动时，说明圆锥角度基本正确。

⑥用万能角度尺、涂色法检验圆锥角度或接触面积

A. 用万能角度尺检查圆锥角度

如图 2.48 所示，对角度零件或精度不高的圆锥表面，可用万能角度尺检查；把万能角度尺调整至待测角度 α，万能角度尺的角尺与工件端面通过工件中心靠平，直尺与工件斜面接触，通过透光的大小来校准小滑板的角度。如此反复，直到达到要求为止。

B. 用涂色法检验圆锥角度或接触面积

如图 2.49 所示，涂色检验时，要求圆锥面粗糙度 $Ra<3.2$ μm，并且无毛刺；在圆锥面上顺

着三爪的位置均匀地涂显示剂(印油或红丹粉);用手握住套规,将其套在工件圆锥上,稍加轴向推力,并将套规旋转约半圈;取下套规,观察显示剂擦去的情况。如果3条显示剂在全长上擦去均匀,说明圆锥接触良好,锥度正确;如果显示剂擦去不均匀,说明圆锥角度不正确或圆锥素线不直,要继续进行角度调整。

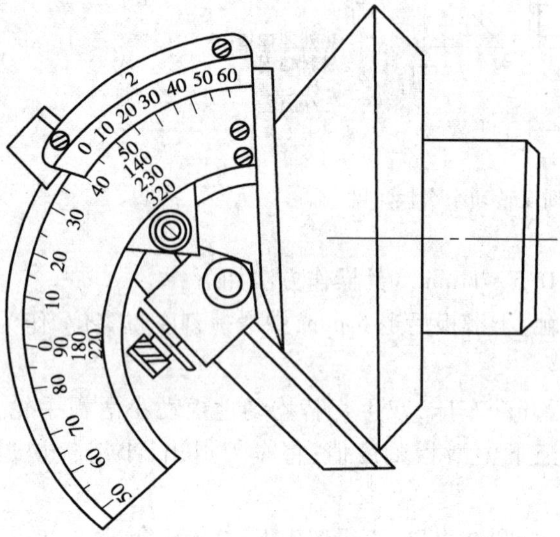

图2.48 万能角度尺测量角度

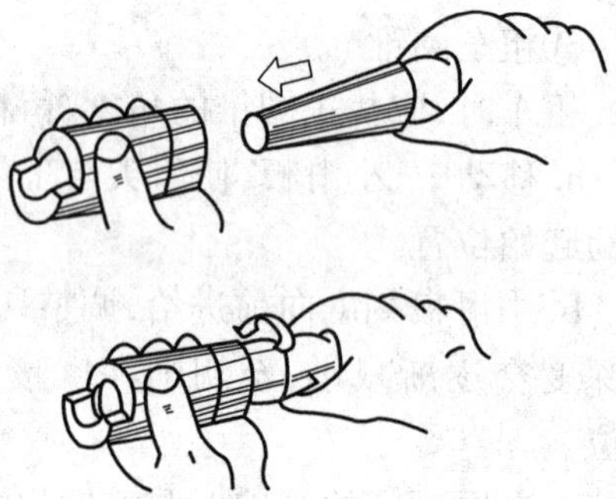

图2.49 用套规检查圆锥的方法

⑦精车圆锥

精车时,应提高车床主轴转速,双手缓慢均匀地摇动小滑板手柄精车圆锥体。对精度要求高的圆锥,采用锋钢刀低速车削,并在车削过程中加入充足的切削液。

(2)偏移尾座车削圆锥

1)准备工作

①按圆锥大端直径加工圆柱体及其端面。

②使用百分表、锥度量棒(或样件)精确偏移尾座。其方法如下:

A.使用百分表

如图2.50所示,先把百分表固定在刀架上,使百分表测头与尾座套筒接触,校准百分表零位;偏移尾座,当百分表指针转动读数为$S(S=K/2L)$值时,把尾座固定即可。试车削后,逐步校准。尾座偏移的方向规定如下:工件小端直径在尾座一边,尾座向操作者方向移动;反之,尾座则向离开操作者方向移动。

B.用角度量棒(或样件)

先把锥度量棒顶在两顶尖间,百分表装在刀架上,使其测头与量棒母线接触,再偏移尾座,然后观察测头在两端的读数是否一致;如果不一致,再偏移尾座直至两端读数一致为止,如图2.51所示。

2)车削圆锥

①粗车圆锥体,并校准锥度(用自动进给)。

②半精车圆锥体,并再次用百分表校准锥度,试车削直至锥度正确。

③精车圆锥体至尺寸。

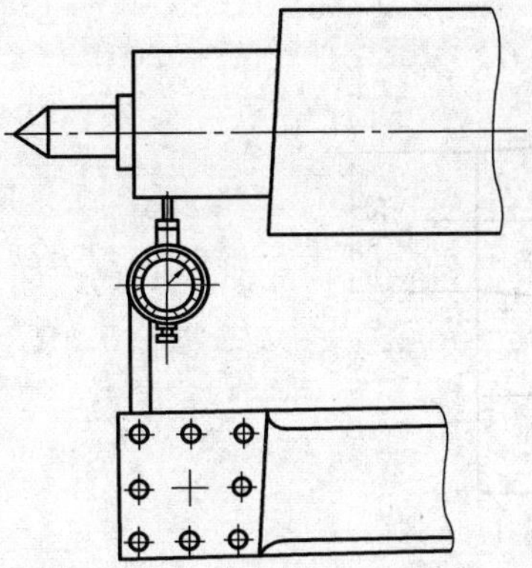
图2.50　应用百分表偏移尾座的方法

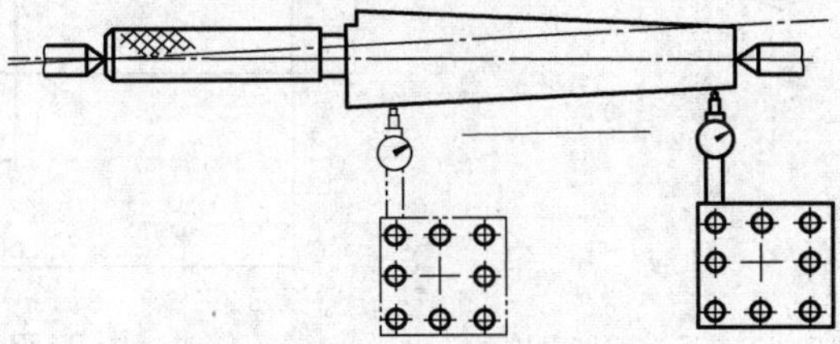
图2.51　锥度量棒偏移尾座

(3)宽刃车刀车削圆锥

1)准备工作

①根据工件圆锥半角的度数,选用主偏角度数相等的宽刃车刀。一般情况下,切削刃长度应大于圆锥素线长度;切削刃要求平直光洁。

②在不影响车削的情况下,宽刃车刀伸出长度尽量短;工件伸出长度尽量短,并夹紧。

③选用刚性较好的车床,主轴调整间隙合适,中、小滑板与导轨间隙尽量小。

2)车削方法

①根据车床状况、刀具及工件材料,合理选择切削用量。如切削过程中产生振动,应适当减慢主轴转速。

②当车刀的切削长度大于圆锥素线长度时,将切削刃对准圆锥一次车削成形,如图2.52(a)所示;开始切削时,中滑板进给速度略快,随着切削面积不断增大而逐渐减慢;当车削至尺寸时,车刀应适当滞留,以使表面光洁;车削时,应把大滑板锁紧。

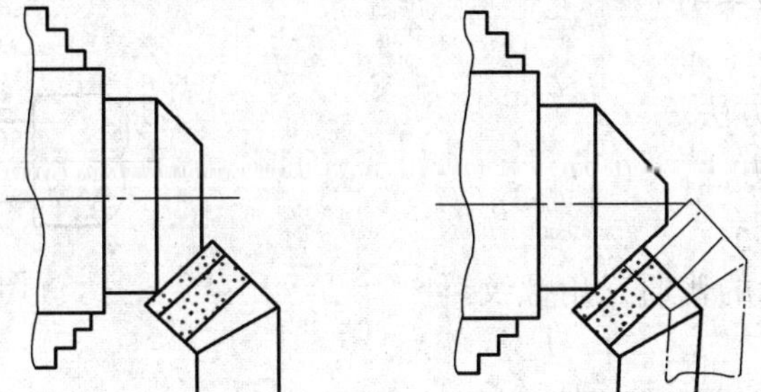
(a)直进法车圆锥　(b)接刀法车圆锥

图2.52　宽刃车刀车圆锥

③如果切削刃长度小于工件圆锥面长度,应采用接刀的方法车削,如图2.52(b)所示。注意:接刀处要求平整。

实训八:圆锥零件车削

1.实训目的

①熟悉圆锥的车削方法。

②能按照图纸要求车削简单圆锥零件。

2. 实训内容

车削如图 2.53 所示的圆锥零件。

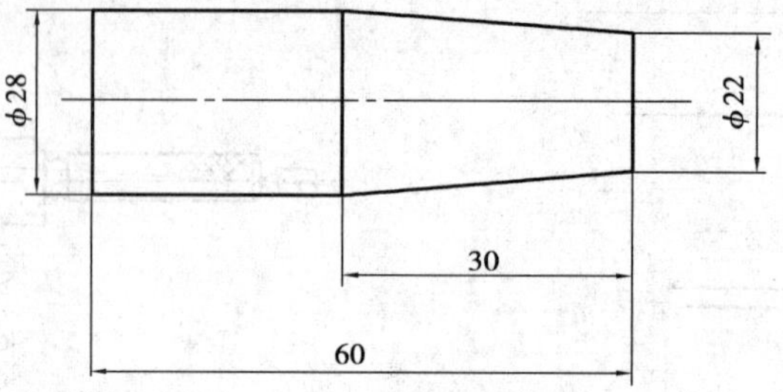

图 2.53　圆锥零件

该零件的车削加工步骤见表 2.3。

表 2.3　圆锥零件的车削加工步骤

序号	工步	加工内容
1	备料	$\phi30$ mm×62 mm 的棒料
2	车	1. 三爪自定心卡盘夹毛坯外圆,车端面,毛坯车平即可 2. 车外圆 $\phi28$ mm 至尺寸
3	车	1. 工件调头,车外圆 $\phi28$ mm 接平 2. 车端面,保证长度 60 mm 3. 转动小滑板 5.74°$\left(\frac{\alpha}{2}\approx28.7°\times\frac{28-22}{30}\right)$,逐步车锥面至尺寸
4	检验	用万能角度尺检查圆锥角度

实训九:螺纹零件的车削

1. 实训目的

①掌握螺纹的车削方法。

②了解螺纹的测量方法。

2. 实训内容

车削如图 2.54 所示的普通三角螺纹。

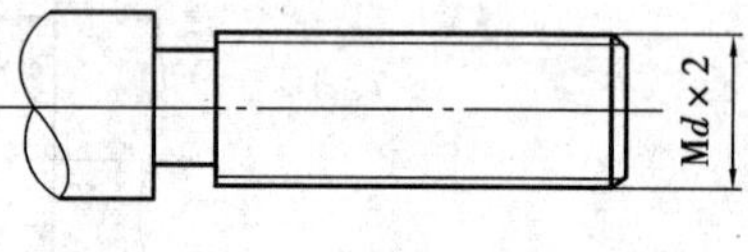

图 2.54　螺纹零件

(1)准备工作

①安装螺纹车刀(磨刀时,用螺纹样板检查,牙形角 $\alpha=60°$)。

②按螺距调整交换齿轮和进给箱手柄位置。

③调整主轴转速。用高速钢车刀车削塑性材料的螺纹时,一般选择 12 ~ 150 r/min 的低速;用硬质合金车刀车削铸铁等脆性材料的螺纹时,一般选择 360 r/min 的中速;用硬质合金车刀车削钢等塑性材料的螺纹时,一般选择 480 r/min 的高速。螺纹直径小、螺距小($P <$ 2 mm)时,宜选用较高的转速;反之,应选用较低的转速。

(2)用直进法车削螺纹

1)对刀

确定车螺纹切削深度的起始位置;将中滑板刻度调至零位并开车,使刀尖轻微接触工件表面,然后将中滑板刻度调至零位,以便于进刀记数。

2)试切

试切第一条螺旋线并检查螺距;如图2.55所示,将床鞍摇至离工件端面8~10牙处,横向进刀0.05 mm左右;开车,合上开合螺母,在工件表面车出一条螺旋线,至螺纹终止线处退出车刀(注意:螺纹收尾在2/3圈内);提起开合螺母,用钢直尺或螺距规检查螺距是否正确。

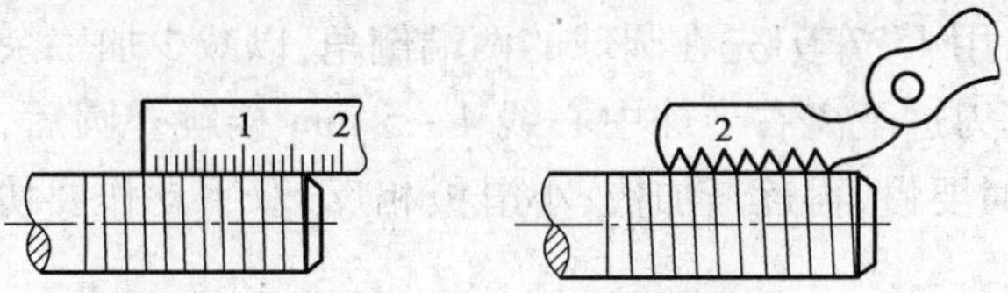

(a)钢直尺检查　(b)螺距规检查

图2.55　用钢直尺或螺距规检查螺距

3)进刀

切螺纹时,总切削深度与螺距间的关系是 $a_p=0.65P$,中滑板转过的格数 n 可计算为

$$n=\frac{0.65P}{\text{中滑板每格毫米数}}$$

4)切削过程中的对刀步骤

①将螺纹车刀装夹好后,车刀不切入工件,只在螺纹外径表面上对刀。

②对刀后,将中滑板刻度置零位。

③按下开合螺母并开车,将车刀移至工件表面处,停车。

④移动中、小滑板,使车刀刀尖对准之前已加工出的螺旋槽。

⑤开车,观察车刀刀尖是否仍在槽内,直至对准后开始车削螺纹。

5)检验

用螺纹环规检查。

实训十:成形面零件的车削

1.实训目的

①掌握成形面的车削方法。

②了解成形车刀刃磨及工件装夹的方法。

2.实训内容

用双手控制法车削如图2.56所示的单球手柄。

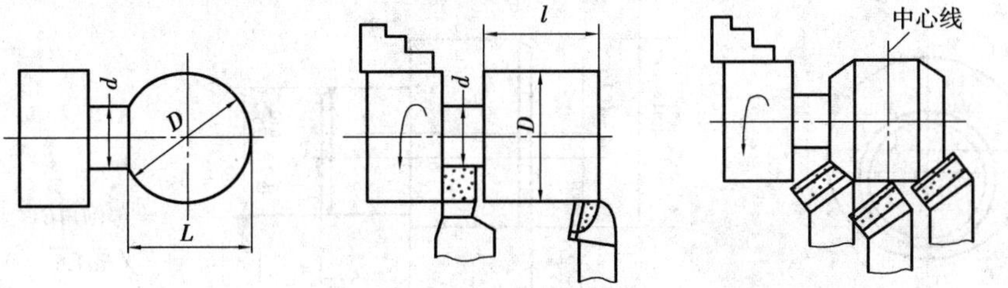

(a)单球手柄　(b)车圆球外圆及沟槽　(c)车圆球、倒角、刻中心线

图2.56　单球手柄的车削方法

(1)准备工作

①刃磨车刀,要求车刀的主切削刃呈圆弧形。

②三爪自定心卡盘夹持工件。

(2)车削步骤

①按圆球直径和长度车出两极外圆,均留0.3~0.5 mm余量,如图2.56(b)所示。

②确定圆球的中心位置。车圆球前,用钢直尺量出圆球中心,并用车刀刻线痕,如图2.56(c)所示。

③圆球部位倒角。用45°车刀先在圆球的两端倒角,以减少加工余量,如图2.56(c)所示。

④粗车右半球。车刀进至离右半球中心线4~5 mm接触外圆后,用双手同时移动中、小滑板,中滑板开始进给时要慢,再逐渐加快;小滑板相反;双手动作要协调一致;最后一刀离球面中心位置约1.5 mm。

⑤粗车左半球。方法同右半球,同时球柄部与球面连接处要用切断刀清根。

⑥精车球面。提高主轴转速,适当放慢手动进给速度;车削时,仍由球心两半球进行,最后一刀的起点应从球心的中心线痕处开始进给。

(3)表面抛光

1)用锉刀修整球形面

选用切削速度15~20 mm/min,用平板锉或半圆锉沿弧面锉削。左手握住锉刀柄,右手扶住锉刀前端进行锉削,锉刀向前时施加压力,返回时不加压力,推锉速度控制在30次/min左右。边锉边修整,用粉笔在形面凸出部位作记号,然后修正,直至与样板相吻合为止。用半圆锉加工球柄与圆球面的连接处。

2)用砂面抛光成形面

用粗砂面擦去锉削痕迹,最后用细砂布抛光。抛光时,把砂布垫在锉刀下面,用类似锉削的方法抛光;或用双手捏住砂布条的两端,在成形面上均匀移动,完成抛光。

实训十一:偏心零件的车削

1. 实训目的

①掌握偏心零件的车削方法。

②了解偏心零件的装夹方法,会车削偏心零件。

2. 实训内容

车削如图2.57所示的偏心零件。

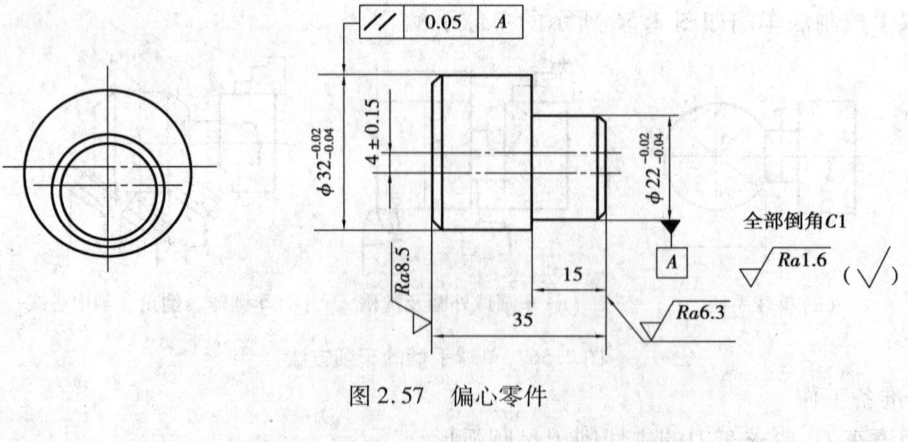

图2.57 偏心零件

(1)准备工作

1)计算偏心垫片的厚度

偏心垫片的厚度可计算为

$$x = \frac{1}{2}(3e - \sqrt{D^2 - 3e^2} - D)$$
$$= \frac{1}{2} \times (3 \times 4 + \sqrt{32^2 - 3 \times 4^2} - 32)\ \text{mm}$$
$$= 5.62\ \text{mm}$$

2)车削偏心块

按计算出的垫片厚度,选择一定硬度的材料,加工偏心块。

3)装夹工件

在三爪自定心卡盘上任一卡爪中垫好垫片,使工件与垫片接触并夹紧。

4)检查偏心与车床主轴同轴

如图 2.58 所示,用百分表在圆周上测量,缓慢转动工件,观察百分表指针跳动量是否为 8 mm;用划线盘找正外圆侧母线与车床主轴平行,如图 2.59 所示。

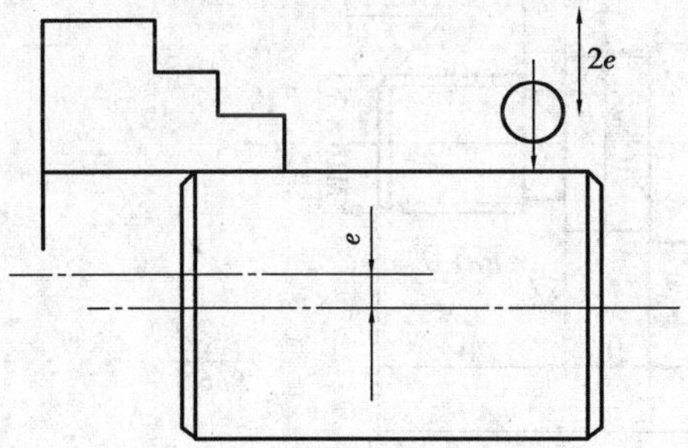

图 2.58　用百分表检查偏心距

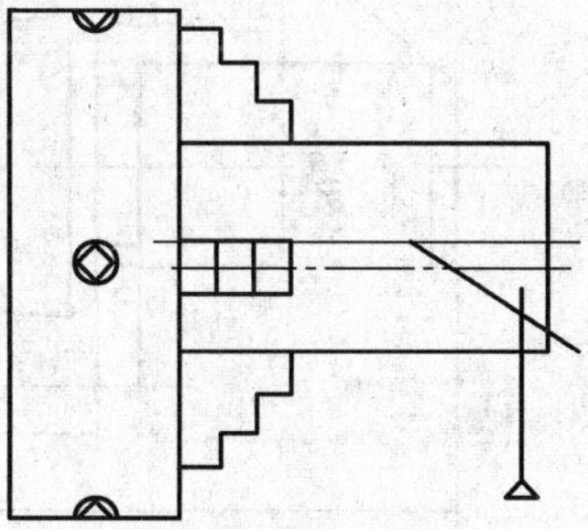

图 2.59　用划线盘找正侧母线

5)试切检查

试切,如果偏心距超出允差范围,应重新调整垫片厚度;垫片修正值 $K = 1.5\Delta e$,其中,Δe 为名义偏心距与实测偏心距的差值。

6)车刀刃磨

与一般车刀刃磨相同,对硬质合金车刀,应保证 $-10° \sim -5°$的刃倾角。

7)车刀的装夹

刀头伸出刀架部分的长度一般为 1.5 倍刀杆厚度。

(2)车削步骤及要领

①将刀具远离工件表面,用手转动卡盘,检查刀具与工件是否干涉。

②粗、精车外圆尺寸至 $\phi 22^{-0.02}_{-0.04}$ mm,长 15 mm;开车后逐渐进刀,在开始车削时主轴转速应取 100 r/min,切削速度和进给量要尽量小;待工件车圆后,再加大切削用量。

③外圆倒角 1 mm × 45°。

检验:工件偏心距尺寸精度相当公差等级 IT9,偏心轴线对基准轴线平行度不大于 0.04 mm/100 mm,偏心外圆表面粗糙度 $Ra1.6$ μm。

(3)车削注意事项

①此法只适用于精度不高、偏心距在 10 mm 以下的小偏心零件。

②垫块与卡爪接触的一面，要制成圆弧面。

③垫块材料要淬火处理。

④为避免夹伤已加工表面，应加铜片或细砂布加以保护。

⑤装夹时，工件外圆轴线容易歪斜，影响加工质量。

⑥垫片厚度 H 除与工件外形直径、偏心距的大小有关外，还与三爪自定心卡盘卡爪的圆弧大小、垫片材料的软硬及夹紧后的变形等因素有关。

实训十二：轴类零件车削综合训练

1. 实训目的

①会分析轴类零件的结构和加工工艺。

②通过综合训练，掌握外圆、台阶、槽、螺纹、锥面及成形面等的车削方法及车削工艺。

2. 实训内容

(1) 车削如图 2.60 所示的轴类零件

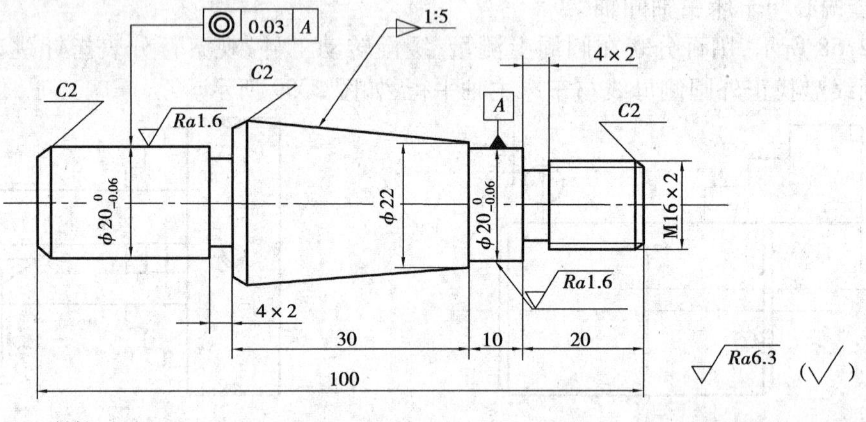

图 2.60 锥轴零件

准备工作如下：

①刀具准备：90°，45°外圆车刀及沟槽刀、切断刀、普通螺纹车刀。

②选择切削速度，选用 $n>80$ r/min。

③计算出转动小拖板的角度 5.74°和大端直径 $\phi28$ mm。

加工方法和步骤见表 2.4。

表 2.4 锥轴的加工方法和步骤

序号	工步	加工内容
1	下料	$\phi30$ mm × 105 mm
2	车	1. 三爪自定心卡盘夹毛坯外圆，车端面，毛坯车平即可，打中心孔 2. 车外圆至尺寸 $\phi28$ mm
3	车	1. 工件调头，车平端面，保证总长 100 mm 2. 车外圆至尺寸 $\phi28$ mm，接平 3. 车外圆至 $\phi22_{-0.06}^{\ 0}$ mm（加上留磨余量），长度 40 mm 4. 倒角 $C2$

续表

序号	工步	加工内容
4	车	1. 工件调头，软卡爪夹住 $\phi22_{-0.06}^{0}$ mm 外圆，车外圆至 $\phi22_{-0.06}^{0}$ mm（加上留磨余量），长度 30 mm 2. 车外圆至 $\phi15.8$ mm（M16×2 的外圆），长 20 mm 3. 倒角 $C2$ 4. 切槽 4×2 两处 5. 车螺纹 M16×2 6. 车锥度 7. 倒角 $C2$
5	磨	软卡爪夹住 $\phi22_{-0.06}^{0}$ mm 外圆，磨 $\phi20_{-0.06}^{0}$ mm，长 10 mm
6	磨	调头，磨 $\phi20_{-0.06}^{0}$ mm，长 40 mm
7	检验	按图纸要求检验

（2）车削如图 2.61 所示的轴零件

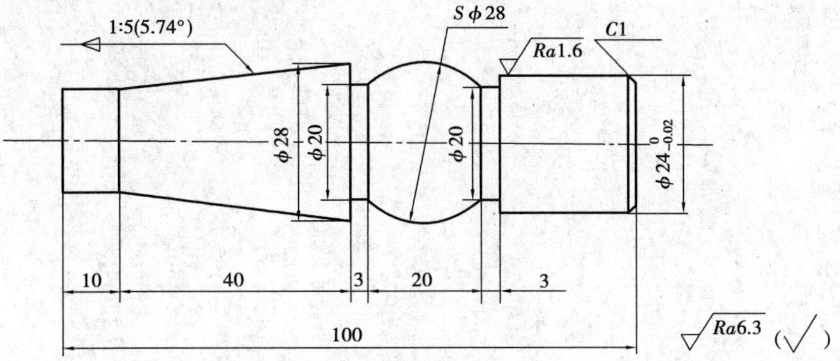

图 2.61　综合练习工件

准备工作如下：

①刀具准备：90°，45°外圆车刀及沟槽刀、切断刀。

②选择切削速度，选用 $n>80$ r/min。

③计算出转动小拖板的角度 5.74°和小端直径 $\phi28$ mm。

加工方法和步骤见表 2.5。

表 2.5　综合练习工件的加工方法和步骤

序号	工步	加工内容
1	下料	$\phi30$ mm×105 mm
2	车	1. 三爪自定心卡盘夹毛坯外圆，车端面，毛坯车平即可，打中心孔 2. 车外圆至尺寸 $\phi28$ mm

续表

序号	工步	加工内容
3	车	1. 工件调头,车平端面,保证总长 100 mm 2. 车外圆至尺寸 ϕ28 mm,接平 3. 车外圆至 $\phi(24_{-0.02}^{0})$ mm(加上留磨余量),长度 24 mm 4. 倒角 *C*1 5. 切槽 $\phi20\times3$ 两处,保证两处间长 20 mm 6. 双手控制车球面 Sϕ28 7. 抛光球面
4	车	1. 工件调头,软卡爪夹住 $\phi(24_{-0.02}^{0})$ mm 外圆,车锥度至尺寸 2. 车外圆至 ϕ20 mm,长 10 mm
5	磨	软卡爪夹住 ϕ20 mm 外圆,顶尖顶住另一端,磨 $\phi(24_{-0.02}^{0})$ mm,长 24 mm
6	检验	按图纸要求检验

第三章
铣削实训

一、实训要求

①了解铣削加工的基本知识，掌握基本的铣削方法。

②熟悉铣床的类型、结构及其工艺范围。

③了解铣床常用附件的功能。

④了解铣床的保养和维护要求。

⑤能在老师的指导下，规范操作，安全、文明生产，按图纸完成铣削加工。

二、相关知识点

1. 铣削工艺

在铣床上用铣刀对工件进行切削加工的工艺过程，称为铣削。

铣削加工是以铣刀的旋转和工件的移动相配合进行切削加工的一种方法。铣削的适用范围很广，在铣床上可铣削平面、台阶、沟槽及成形面等，如图 3.1 所示。

在铣削过程中，铣刀的旋转运动为主运动，工件沿横向、纵向、垂直 3 个方向的移动为进给运动。

2. 铣削用量

如图 3.2 所示，铣削用量包括以下要素：

(1)切削速度 v_c

切削速度一般是指铣刀外圆上切削刃的线速度，即

$$v_c = \frac{\pi dn}{1\ 000 \times 60}$$

式中 d——铣刀外圆直径，mm；

n——铣刀转速，r/min。

(2)进给量

铣削加工中，有以下 3 种进给表示方式：

①每分钟进给量 v_f(mm/min)。即工件每分钟在进给方向上的移动距离。

②每齿进给量 f_z(mm/z)。即铣刀每转过一齿时，工件在进给方向上的移动距离。

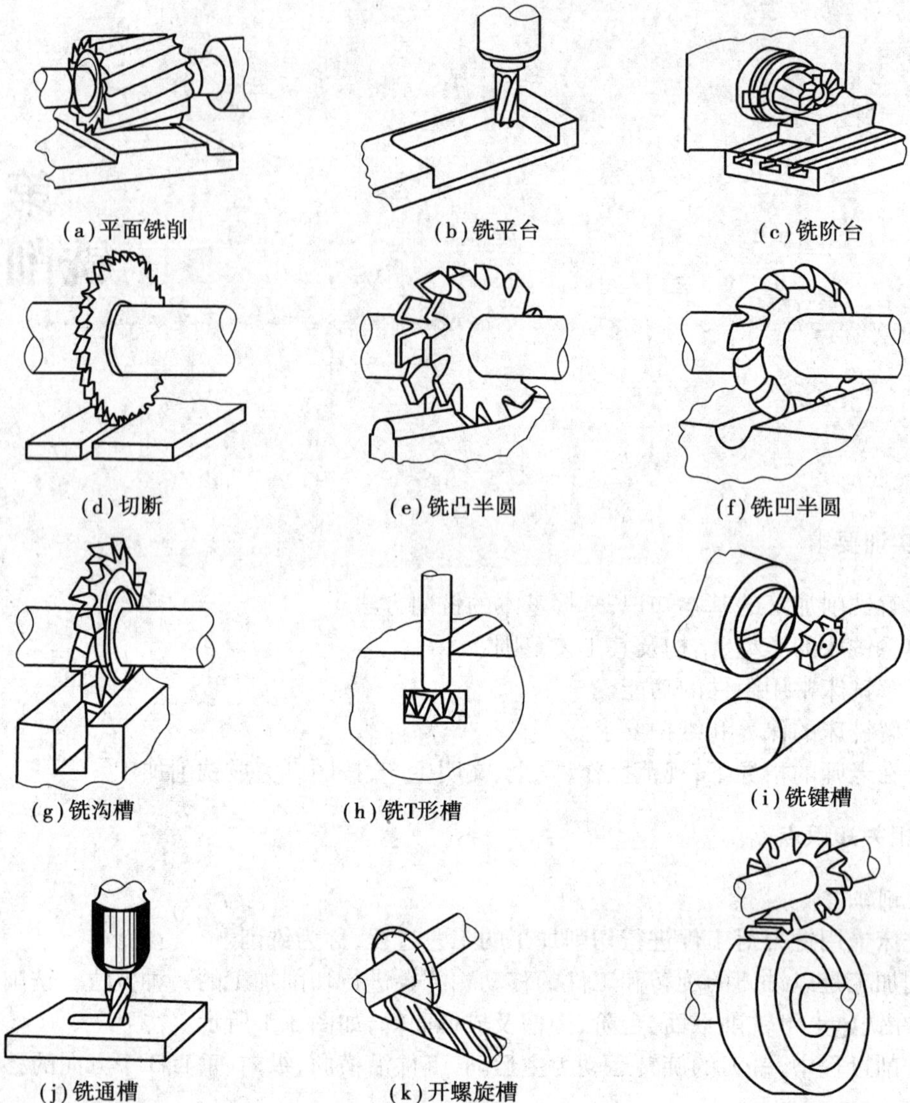

(a)平面铣削 (b)铣平台 (c)铣阶台

(d)切断 (e)铣凸半圆 (f)铣凹半圆

(g)铣沟槽 (h)铣T形槽 (i)铣键槽

(j)铣通槽 (k)开螺旋槽 (l)铣齿轮

图 3.1 铣削

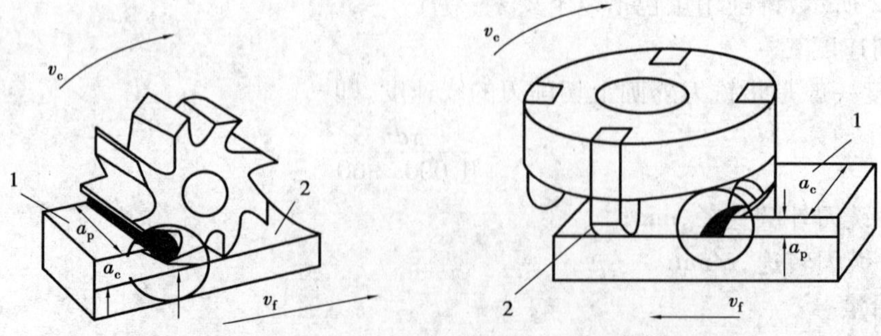

(a)圆柱铣刀铣削 (b)端铣刀铣削

图 3.2 铣削用量

1—待加工表面;2—已加工表面

③每转进给量 f(mm/r)。即铣刀每转过一周时,工件在进给方向上的移动距离。

(3)背吃刀量 a_p(mm)

背吃刀量是指在平行于铣刀轴线方向上的切削层尺寸。

(4)侧吃刀量 a_c(mm)

侧吃刀量是指在垂直于铣刀轴线方向上的切削层尺寸。

铣削加工的主要特点是利用多齿刀具进行切削。由于刀齿可以轮换切削,因此,刀具的散热条件好,允许使用较高的切削速度和较大的进给量,加工效率高。但在铣削过程中,铣刀不断切入和切出,切削面积和切削力也随之不断变化,容易产生振动。铣削加工后,工件尺寸公差等级一般达到 IT10—IT7,表面粗糙度可达到 $Ra6.3 \sim 1.6$ μm。

3.卧式铣床

铣床有许多种类,常用的有卧式万能升降铣床、卧式升降台铣床、立式铣床及龙门铣床等。其中,卧式铣床在生产中应用较普遍。

卧式铣床的主轴与工作台面平行,铣刀安装在与主轴相联的刀杆上,铣刀的旋转运动是主运动。工件安装并固定在工作台上,工作台可沿纵向、横向和垂直 3 个方向作进给运动。卧式万能升降台铣床的工作台还可在水平面内回转一定的角度,以适应不同铣削的需要。

如图 3.3 所示为 X6132 型卧式万能升降台铣床。

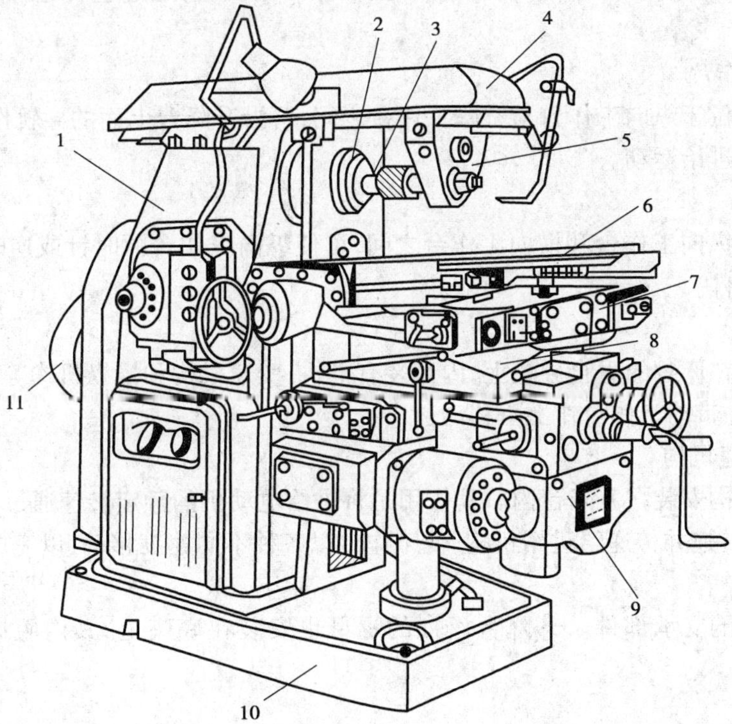

图 3.3　X6132 型卧式万能升降台铣床

1—床身;2—主轴;3—刀杆;4—横梁;5—吊架;6—纵向工作台;

7—转台;8—横向工作台;9—升降台;10—底座;11—电动机

X6132 铣床的主要部件及其功能如下:

(1)床身

床身是铣床的主体,用来安装、支承和联接铣床的其他部件。其顶部有水平导轨供横梁移动,床身外侧有垂直导轨供升降台上下移动。床身内装有主轴、变速机构、润滑油泵及电动机等部件。

(2)横梁和吊架

横梁安装在床身的顶部,可沿顶部导轨作横向移动。横梁上装有吊架,用于支承刀杆的外端,以增加刀杆的刚性。横梁向外伸出的长度可随意调整,以适应各种规格刀杆的安装。

(3)主轴

主轴是前端带有锥孔的空心轴。其锥度一般是 7:24。刀杆安装在主轴锥孔中,并随主轴一起旋转。

(4)主轴变速机构

主轴变速机构的作用是将电动机传来的转速,通过齿轮变速机构变换成若干种(常见 18 种)不同的转速,并传递给主轴。

(5)纵向工作台

纵向工作台用于安装夹具和工件,并带动工件作纵向移动。该工作台上有 T 形槽,用于安装螺栓,以便于固定夹具和工件;其下面有丝杠螺母副装置,通过它可选择手动或机动纵向进给。

(6)横向工作台

横向工作台位于纵向工作台与升降工作台之间,可沿升降台上面的导轨作横向移动,用于带动工件作横向进给运动。

(7)回转盘

回转盘位于纵向工作台和横向工作台之间,可使纵向工作台顺时针或逆时针回转 45°,用于铣削螺旋槽工件。

(8)升降台

升降台安装在床身的垂直导轨上,内部装有电机、变速机构和操纵机构等。升降台主要用于支承工作台,并带动工作台作上下移动。

(9)进给变速机构

进给变速机构安装在升降台内。其作用是将进给电动机的额定转速通过齿轮变速成若干种(常见 18 种)转速并传递给进给机构,使工作台以各种不同速度移动,以完成铣削加工。

(10)底座

底座是铣床的支承部件。升降台丝杠的螺母也安装在底座上,其内腔通常用来装盛切削液。

4. 立式铣床

立式铣床的主要结构与卧式铣床相似,其刀具安装在主轴上作旋转运动(主运动),工件安装在纵向工作台上,可作纵向、横向和垂直 3 个方向的进给运动。与卧式铣床的主要区别在于立式铣床的主轴与工作台面垂直,主轴呈垂直状态。如图 3.4 所示为 X5032 型立式铣床。

立式铣床中用于安装主轴的部件,称为立铣头。立铣头与床身结合部位呈转盘状,并带有刻度,可根据加工的需要将立铣头左右偏转一定角度,以便铣削斜面。

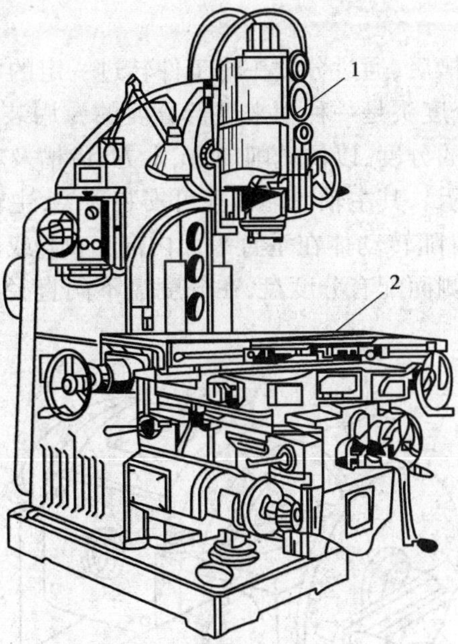

图 3.4　X5032 型立式铣床
1—立铣头;2—工作台

5. 龙门铣床

如图 3.5 所示,龙门铣床属于大型铣削设备。其铣削动力机构及铣削刀具安装在龙门横梁导轨或主轴导轨上,并可作横向和升降运动。工件安装在工作台上,只能作纵向移动。

龙门铣床可安装多把刀具同时进行铣削加工,生产效率较高,适于批量加工大中型工件。

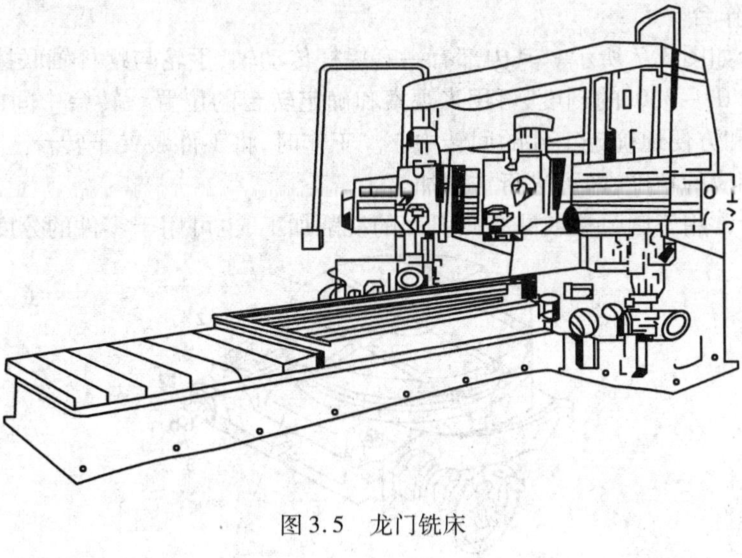

图 3.5　龙门铣床

6. 铣床附件

铣床的附件主要包括平口钳、万能分度头、回转工作台及万能立铣头等。

(1)平口钳

平口钳是铣削加工中装夹形状较规则零件的最常用工具。其结构简单,夹紧可靠。装夹工件时,先校正平口钳及工件在工作台上的位置,再固定平口钳并夹紧工件。

(2)万能分度头

在铣削完一个平面或沟槽后,通过分度头将工件转过一定的角度,再铣削下一个平面或沟槽,该过程称为分度。万能分度头是一种用来进行分度的专用装置。利用万能分度头可将回转体工件的圆周作任意角度的分度,以便铣削四方、六方、齿槽及花键槽等工件。

万能分度头如图3.6所示。其主轴前端锥孔可安装顶尖,主轴外部有螺纹,可安装卡盘或拨盘,用来装夹工件。主轴可随转动体在垂直平面内向上90°或向下10°范围内的转动,以便铣削斜面或垂直面。分度头侧面配有分度盘,在分度盘不同直径的圆周上有不同数量的等分孔,以便进行分度。

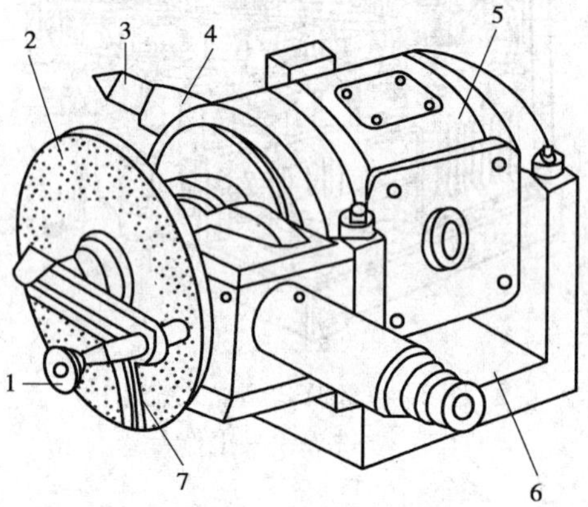

图3.6　万能分度头

1—手柄;2—分度盘;3—顶尖;4—主轴;5—转动体;

6—底座;7—挂轮轴

(3)回转工作台

回转工作台如图3.7所示。其内部有一套蜗杆传动轴,手轮与蜗杆轴联接,转台与蜗轮联接。转台周围有0°~360°的刻度,可用来观察和确定转台的位置。转台中间的孔可用来装夹心轴,用于找正和方便地确定工件的回转中心。工作时,将工件装夹于转台上,转动手轮,使转台和工件转过相应的角度,即可进行铣削加工。

回转工作台常用于圆弧槽或非整圆弧面的铣削加工,也可用于零件的分度工作。

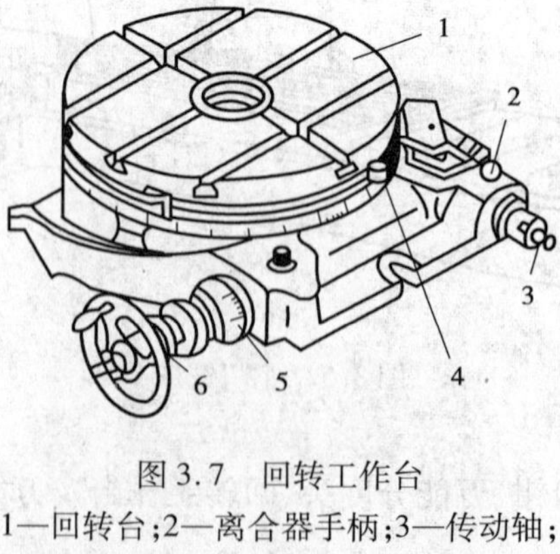

图3.7　回转工作台

1—回转台;2—离合器手柄;3—传动轴;

4—挡铁;5—偏心环;6—手轮

(4)万能立铣头

如图 3.8 所示,万能立铣头的作用是配合卧式铣床进行加工。万能立铣头的壳体 2 和壳体 3 可绕不同的轴线任意偏转。因此,在卧式铣床上加装一个万能立铣头,铣头的主轴可在相互垂直的两个平面内旋转,不仅能进行立铣和卧铣,还可在一次装夹中进行任意角度平面的铣削。

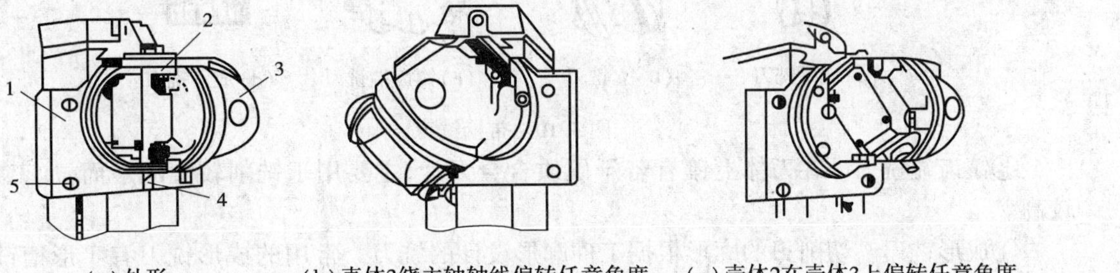

(a)外形　(b)壳体3绕主轴轴线偏转任意角度　(c)壳体2在壳体3上偏转任意角度

图 3.8　万能立铣头

1—底座;2,3—壳体;4—立铣刀;5—螺栓

7. 铣刀

铣刀是用于铣削加工、具有一个或多个切削刃的旋转刀具。工作时,各切削刃依次间歇地切去工件的余量。铣刀主要用于在铣床上加工平面、台阶、沟槽、成形表面以及切断工件等。

铣刀的种类很多,按装夹方式不同,通常分为带孔铣刀和带柄铣刀两大类。带孔铣刀多用于卧式铣床上,带柄铣刀多用于立式铣床上。带柄铣刀又分为直柄铣刀和锥柄铣刀两种。

(1)带孔铣刀

利用刀具孔进行装夹的铣刀,称为带孔铣刀。如图 3.9 所示,常用的带孔铣刀有圆柱铣刀、圆盘铣刀、角度铣刀及成形铣刀等。

①圆柱铣刀。可分为螺旋齿圆柱铣刀和直齿圆柱铣刀。圆柱铣刀适用于铣削平面。

②圆盘铣刀。适用于铣削直角沟槽、台阶及切断等。

③角度铣刀。适用于铣削角度沟槽和斜面等。

④成形铣刀。适用于铣削齿轮或链轮等成形齿槽。

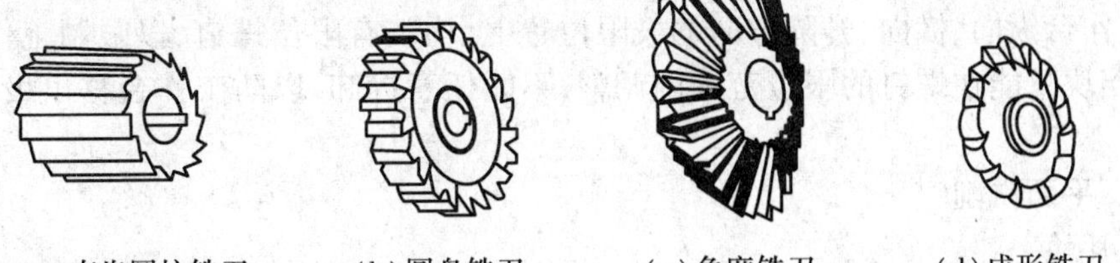

(a)直齿圆柱铣刀　(b)圆盘铣刀　(c)角度铣刀　(d)成形铣刀

图 3.9　带孔铣刀

(2)带柄铣刀

利用柄部装夹的铣刀,称为带柄铣刀。如图 3.10 所示,常用的带柄铣刀有键槽铣刀、立铣刀、镶齿端铣刀及成形铣刀等。

①键槽铣刀。一般有两个相互对称的刀齿,主要用于铣削封闭和半封闭的键槽。

②立铣刀。一般有 3 个以上的刀齿,主要用于铣削各种平面,如沟槽、台阶或小平面等。

铣削时,有两个以上的刀齿同时参与切削,铣削过程平稳,排屑良好,加工效率高。

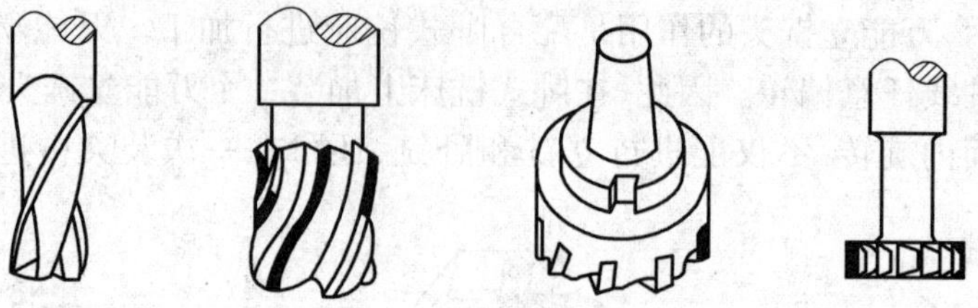

(a)键槽铣刀　(b)立铣刀　(c)镶齿端铣刀　(d)成形铣刀

图3.10　带柄铣刀

③镶齿端铣刀。在刀体上镶有若干硬质合金刀片,主要用于铣削较大的平面,加工效率较高。

④成形铣刀。切削刃的廓形根据工件廓形设计的铣刀。常用的成形铣刀有T形槽铣刀、燕尾槽铣刀和齿槽铣刀等。

三、实训项目

实训一:铣床操作

1. 实训目的

①熟悉铣床的结构及其操作步骤。

②正确安装铣刀、工件。

③熟练操作铣床。

2. 实训内容

①开车前,先检查铣床各部手柄,再开车并低速空转一定时间,观察有无异常情况。

②停车变速。变速前先停车,变速时要把变速手柄扳到规定位置,否则容易打坏变速齿轮。

③在工作台面上摆放工件、夹具或附件时,要轻放,避免敲打或冲击。

④禁止在铣刀切入工件时停车或开车,停车前将刀具退出。

⑤在工作台自动快速进给时,应在工件离铣刀30~50 mm处停止,改为手动进给,使工件缓慢接近工件,避免产生事故。

⑥在工作台纵向、横向、升降方向的极限位置上,均装有限位螺钉,以限制工作台的行程。因此,行程挡块只能在螺钉的限位范围内调整,不能任意拆卸,以防工作台移出极限位置而损坏丝扣。

实训二:平面铣削

1. 实训目的

①练习在铣床上正确安装圆柱铣刀、端面铣刀。

②练习在铣床上正确安装工件。

③了解顺铣和逆铣的特点。

④练习用圆柱铣刀铣削平面。

⑤练习用端面铣刀铣削平面。

2. 实训内容

(1)练习顺铣和逆铣的操作

如图 3.11 所示,在卧式铣床上铣削平面时,根据铣刀旋转方向与工件进给方向是否相同,将铣削分为顺铣和逆铣。

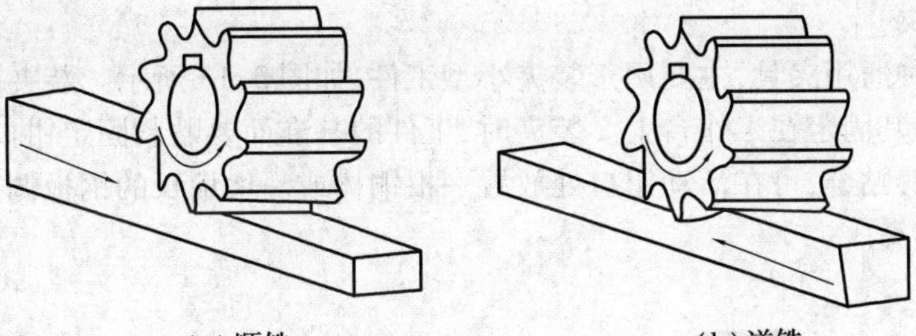

(a)顺铣　　(b)逆铣

图 3.11　顺铣和逆铣

1)顺铣

铣刀的旋转方向与工件进给方向相同。铣床进给机构中的丝杠与螺母之间存在一定的间隙。粗铣时,铣刀作用在工件上进给方向的分力较大,易引起工件连同工作台一起窜动,导致铣刀受到冲击;但精铣时,切削力较小,铣刀对工件向下的切削分力对工件夹紧有利,铣削反而较平稳。因此,精铣加工应采用顺铣。

2)逆铣

铣刀的旋转方向与工件进给方向相反。铣削时,铣刀作用在工件上的切向分力与进给方向相反,使丝杠与螺母之间总是保持紧密接触,不会出现窜动现象;但铣刀作用在工件向上的分力对工件夹紧不利,因此,逆铣多用于粗铣加工。对不分粗精加工的一般性工件,铣削加工多采用逆铣。

(2)铣削平面的操作

平面铣削可使用圆柱铣刀和端面铣刀。其基本步骤如下:

1)安装铣刀

首先将铣床上的横梁伸出,卸下吊架,在刀杆上先套上几个套筒,并在键槽上装上平键,然后安装铣刀。如图 3.12 所示,安装铣刀时,应注意铣刀切削刃与主轴旋转方向要一致,接着继续在刀杆上再套上多个套筒,初步拧紧压紧螺母后把吊架装上,最后拧紧螺母,将铣刀紧固在横梁上。

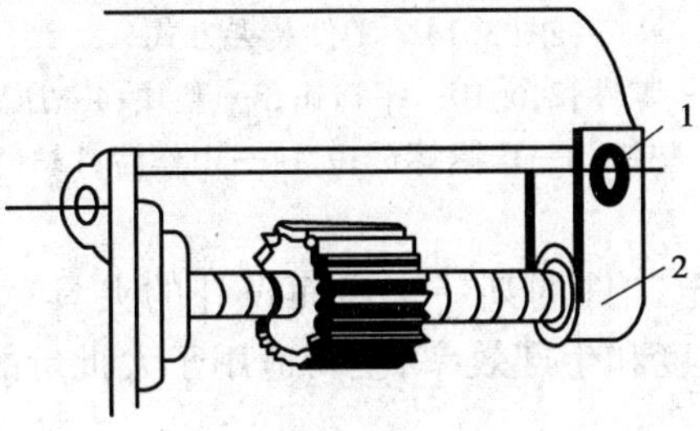

图 3.12　铣刀的安装

1—紧固螺母;2—吊架

在不影响零件加工的前提下,铣刀应尽量靠近主轴或吊架附件安装,以增加铣削刚度。铣削之前,先用百分表检查铣刀的径向和端面跳动,调整合适后再拧紧刀杆上的压紧螺母即可。

2)装夹工件

在铣床上装夹工件时,常用的有平口钳装夹、工作台上装夹和专用夹具装夹3种方法。

①平口钳装夹

平口钳是一种通用夹具,主要用于装夹小型工件,如图3.13所示。装夹前,先对平口钳钳口进行找正,再将其固定在工作台上。装夹时,工件的基准面要贴紧固定钳口。如果工件基准面与固定钳口不够贴合,可在活动钳口处放置一根铜棒或一块扁长的钢板调整;如果工件高度不够,可用垫铁垫高。

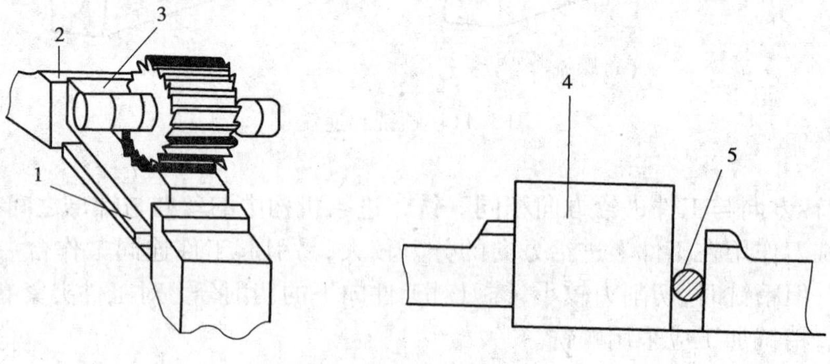

图3.13　用平口钳装夹工件

1—垫板;2—平口钳;3,4—工件;5—铜棒

②工作台装夹

对平口钳难以装夹的大中型工件,可将工件直接装夹在工作台上,如图3.14所示。

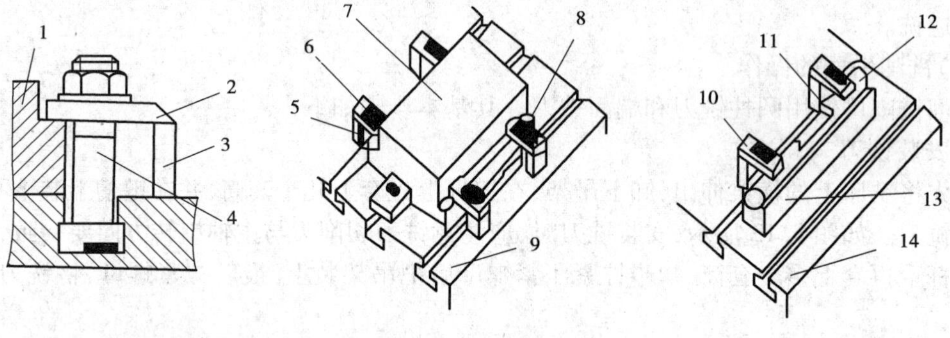

图3.14　工件装夹方式

1,7,12—工件;2,6,10—平口钳;3—垫块;4—压紧螺钉;

5,11—垫铁;8—压紧螺母;9,14—工作台;13—V形铁

③专用夹具装夹

专用夹具是专为某一特定工件的某一工序而设计的夹具。其优点是操作方便、快捷、省力,并且可保证较高的加工精度和生产效率,主要适用于大批量的生产。

3)确定切削用量

根据工件的材料、铣刀的材料、工件宽度及表面粗糙度等要求,综合选取合适的切削用量。为了提高产品质量和生产效率,在粗铣和精铣工序中,也应选用不同的切削用量。选取切削用量时,可参考表3.1。

表 3.1 铣削用量推荐值

工件材料	高速钢铣刀				硬质合金铣刀			
	切削速度 /(m·min^{-1})	进给量 /(mm·min^{-1})	吃刀量/mm 粗铣	吃刀量/mm 精铣	切削速度 /(m·min^{-1})	进给量 /(mm·min^{-1})	吃刀量/mm 粗铣	吃刀量/mm 精铣
低碳钢	21 ~ 25	0.1 ~ 0.2	<5	0.5 ~ 1	150 ~ 190	0.12 ~ 0.3	<12	0.5 ~ 1
中碳钢	21 ~ 35	0.05 ~ 0.2	<4	0.5 ~ 1	120 ~ 150	0.07 ~ 0.2	<7	0.5 ~ 1
高碳钢	12 ~ 25	0.05 ~ 0.2	<3	0.5 ~ 1	60 ~ 90	0.07 ~ 0.2	<4	0.5 ~ 1
灰铸铁	14 ~ 28	0.07 ~ 0.25	5 ~ 7	0.5 ~ 1	72 ~ 100	0.1 ~ 0.3	10 ~ 18	0.5 ~ 1

4)对刀

启动铣床,使铣刀按逆铣方式旋转,摇动升降手柄,慢慢升高工作台,使工件与铣刀轻微接触;将升降手柄上的刻度盘置零,如图 3.15(a)所示;适当降下工作台,使工件与铣刀分离,停机;纵向退出工件,如图 3.15(b)所示。

5)调整铣削深度

先使工作台升至刻度盘对零位置,再使工作台升高至规定的铣削深度位置;固定升降台和横向工作台,如图 3.15(c)所示。

6)铣削进给

启动铣床,使铣刀旋转,先用手动方式使工作台纵向进给,当工件被微微切入后,再立即改为自动进给,如图 3.15(d)所示;铣削完成后,停机,降下工作台,如图 3.15(e)所示。

7)退回工作台,测量工件尺寸

重复上述过程,直至尺寸精度和表面粗糙度合格为止,如图 3.15(f)所示。

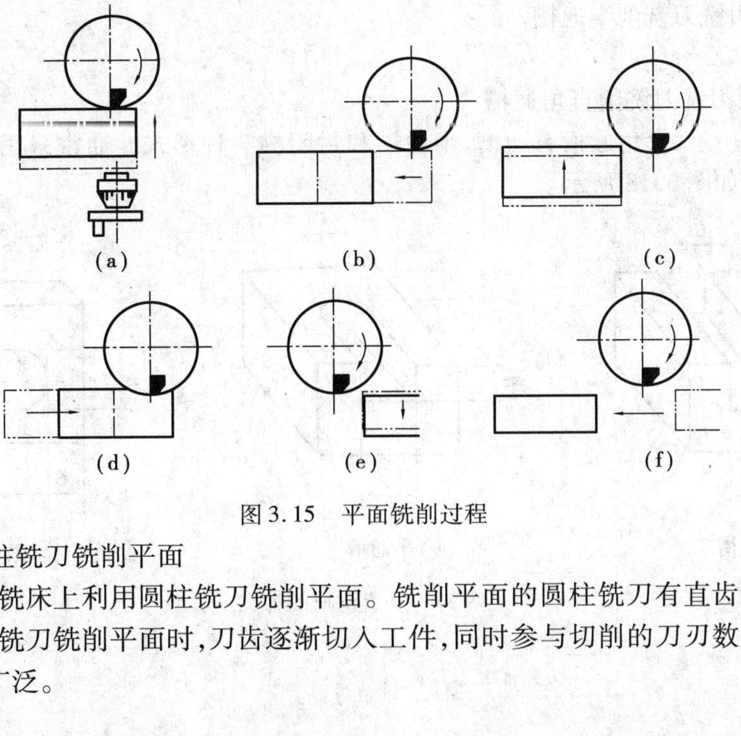

图 3.15 平面铣削过程

(3)利用圆柱铣刀铣削平面

通常在卧式铣床上利用圆柱铣刀铣削平面。铣削平面的圆柱铣刀有直齿和螺旋齿两种。使用螺旋齿圆柱铣刀铣削平面时,刀齿逐渐切入工件,同时参与切削的刀刃数较多,切削过程较平稳,应用较广泛。

(4)利用端面铣刀铣削平面

利用端面铣刀在立式铣床上铣削平面,如图 3.16(a)所示;也可利用端面铣刀在卧式铣床上铣削平面,如图 3.16(b)所示。用端面铣刀铣削平面时,为避免加工表面出现接口痕迹,端面铣刀的直径常取工件宽度的 1.2 倍左右为宜。用端面铣刀铣削平面,切削层厚度变化较小,同时参与切削的齿数较多,切削过程较平稳;同时,加工效率较高,适用于较大尺寸工件的批量生产。

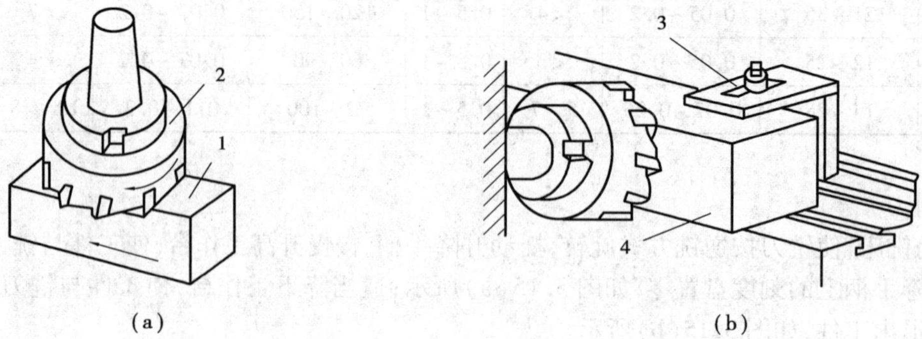

图 3.16　端面铣刀铣削平面

1,4—工件;2—端面铣刀;3—压板

实训三:沟槽铣削

1. 实训目的

①熟悉铣床的结构及其安全操作步骤。

②正确安装三面刃铣刀。

③正确安装工件。

④铣削直角通槽。

⑤用三面刃铣刀铣削半通槽。

2. 实训内容

(1)用三面刃铣刀铣削直角通槽

如图 3.17 所示,直角通槽有通槽、半通槽和封闭槽 3 种形式。通常采用三面刃铣刀铣削加工直角通槽,如图 3.18 所示。

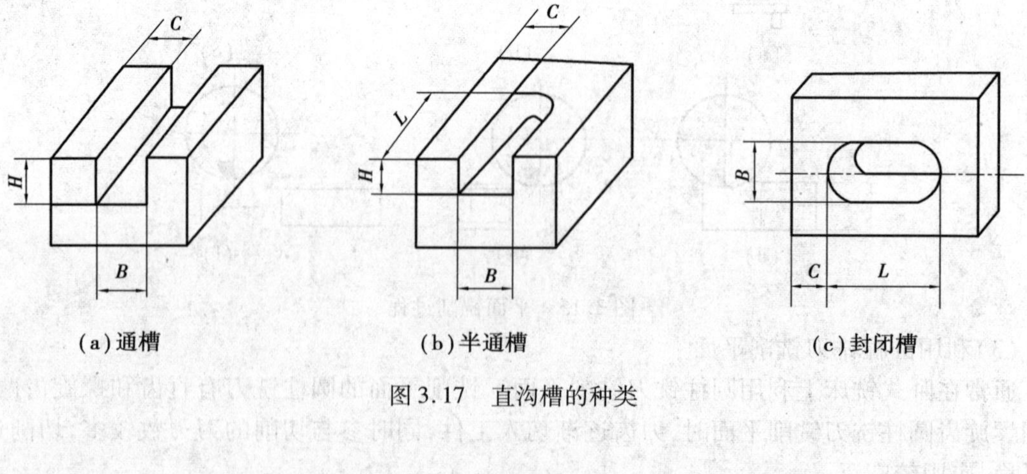

图 3.17　直沟槽的种类

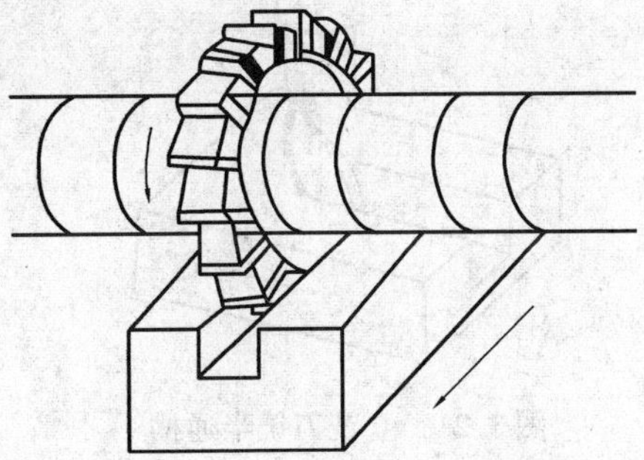

图 3.18　三面铣刀铣直角通槽

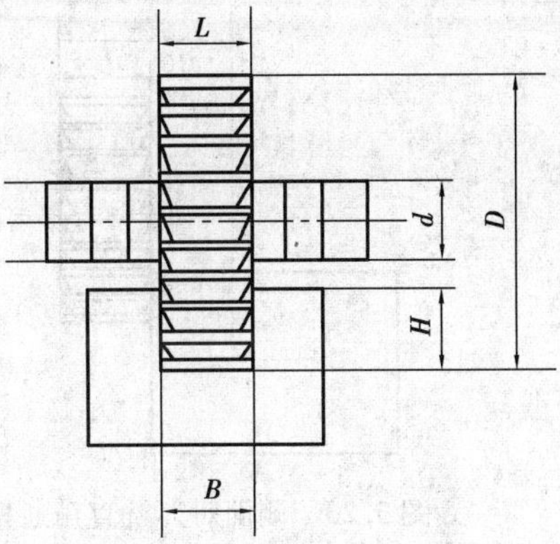

图 3.19　铣刀的选择

用三面刃铣刀铣削直角通槽的主要步骤如下：

1)选择铣刀

如图 3.19 所示，三面刃铣刀的宽度 L 应小于等于槽宽 B，直径 D 应大于刀杆直径 d 与槽深 H 的 2 倍之和；对槽宽精度要求较高的沟槽，通常选择宽度小于槽宽的三面刃铣刀。

2)装夹工件并找正

通常采用平口钳装夹工件，并将平口钳的固定钳口找正至与铣床主轴轴线垂直。

3)对刀

①划线对刀法

在工件的待加工部位划出直角通槽的尺寸，装夹并找正工件后，调整铣床，使三面刃铣刀的侧面刀刃对准工件上所划的宽度线，将横向进给紧固，分数次进给铣削出直角通槽。

②侧面对刀法

装夹并找正工件后，调整铣床，使旋转中的三面刃铣刀侧面刀刃轻探工件侧面，垂直降落工作台，将工作台横向移动一段距离 A($A=L+C$，见图 3.20)，再将横向进给紧固，并调整好铣削宽度 a(即槽深 H)，最后铣削出直角通槽。

4)铣削

铣削时，分几次将槽宽精铣至尺寸。

(2)用三面刃铣刀铣削半通槽

半通槽和封闭槽一般采用立铣刀或键槽铣刀铣削。如图 3.21 所示，用立铣刀铣削半通槽时，所选择的立铣刀直径应小于等于槽的宽度。同时，因立铣刀的刚性差，在铣削较深的槽时，应分几次铣削至深度尺寸；铣削至深度尺寸后，再将槽两侧扩铣至尺寸；扩铣时，应避免顺铣，防止损坏铣刀或啃伤工件。

如图 3.22 所示，用立铣刀铣削封闭槽时，由于铣刀的端面刀刃没有通过刀具中心，不能垂直进给切削工件。因此，铣削前应在所划封闭槽尺寸线的一端预钻一个直径略小于槽宽的落刀孔，由此孔落刀铣削；铣削时，应分数次进给，每次进给均由落刀孔一端铣向槽的另一端；槽深铣透后，扩铣长度和两侧。需要注意的是，铣削时不使用的进给均应紧固，扩铣两侧时应避免顺铣。

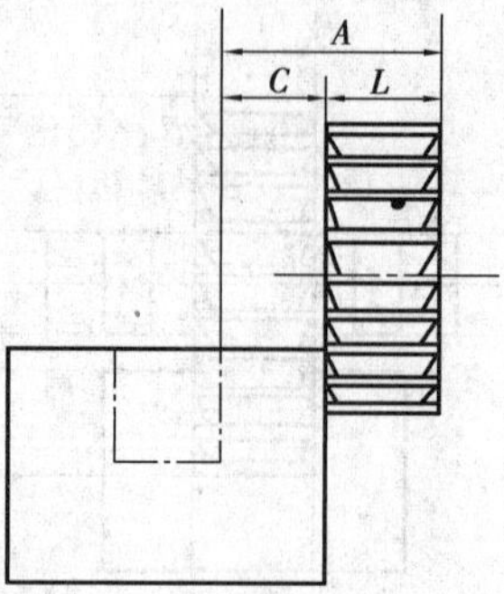

图3.20　侧面对刀铣直角通槽

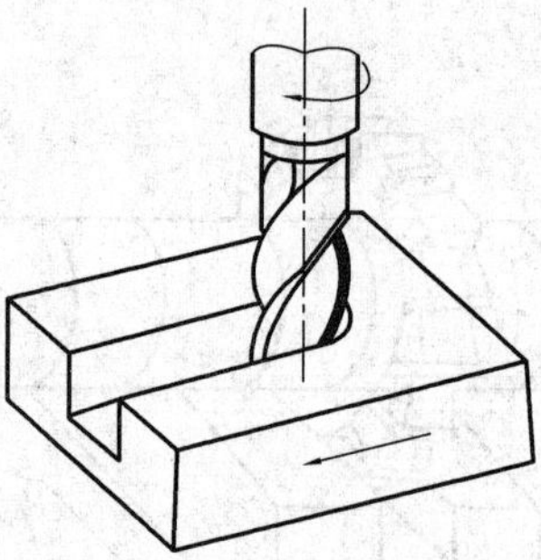

图3.21　立铣刀铣半通槽

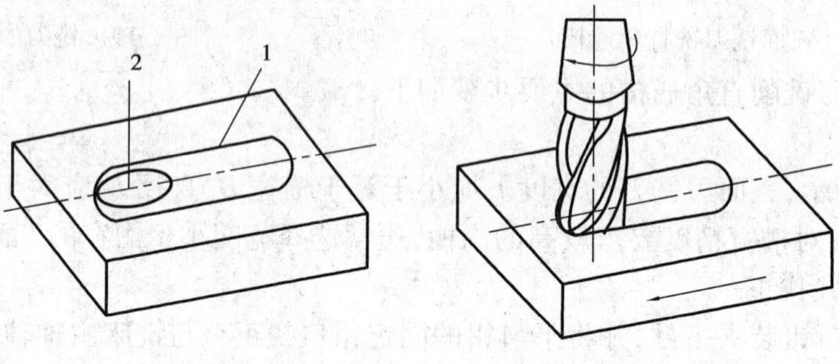

(a)划出槽及落刀孔加工线　(b)钻出落刀孔

图3.22　用立铣刀铣封闭槽
1—封闭槽加工线;2—落刀孔加工线

实训四:典型零件铣削

1. 实训目的

①熟悉铣床的安全操作步骤。

②正确安装铣刀和工件。

③铣削工件的平面、直角通槽等。

2. 实训内容

(1)零件

如图3.23所示,压板零件毛坯:$45^{\#}$钢,105 mm×50 mm×20 mm。

(2)铣削步骤

①安装平口钳并找正,使其固定钳口与铣床主轴轴线平行。

②选择、安装面铣刀,并找正。

③在工件上划出各槽尺寸、位置线及孔的位置。

④安装并找正工件。

⑤安装ϕ13 mm的钻头,钻落刀孔。

⑥选择并安装立铣刀(ϕ14 mm)。

⑦对刀,紧固横向进给。

⑧分数次进给铣削出封闭槽。

⑨测量,卸下工件。

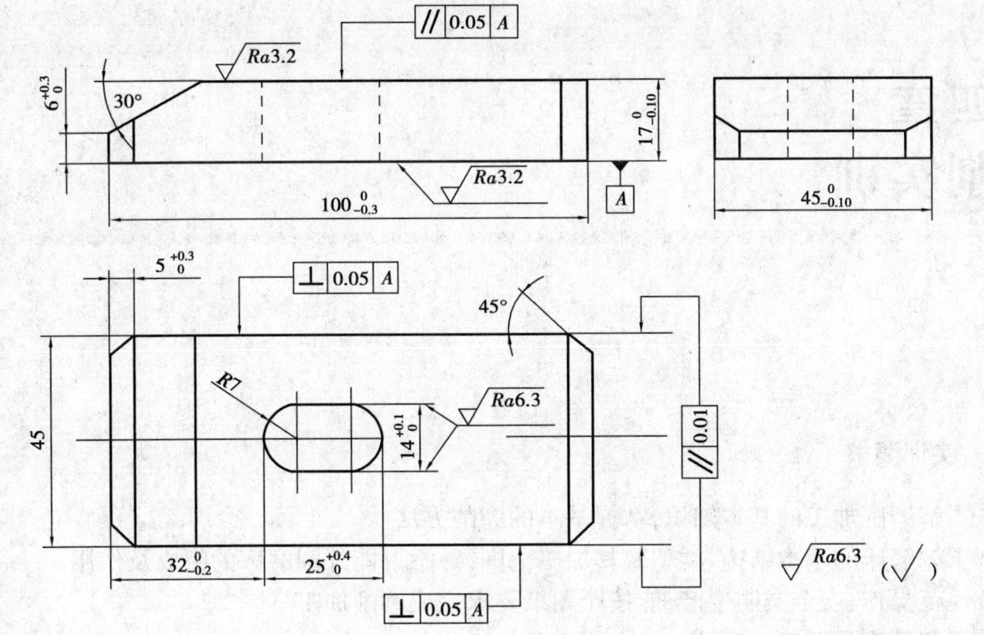

名称	材料	数量
压板	45钢	2

图 3.23　压板零件

(3)注意事项

①使用直柄铣刀加工工件时,铣刀应装夹牢固,以免在铣削过程中松动。

②使用直径较小的立铣刀加工工件时,工作台进给不能过大,以免产生严重的“让刀”现象而产生废品。

③清除切屑时,应用小毛刷或锉刀。

第四章
磨削实训

一、实训要求

①了解磨削加工的基本知识，掌握基本的磨削方法。

②了解磨床的基本结构、类型及其加工范围，熟悉万能外圆磨床的组成及作用。

③规范操作，安全文明生产，能按照图纸要求完成磨削加工。

④了解磨床的保养和维护。

二、相关知识点

1. 磨削

在磨床上用砂轮对工件进行切削加工的工艺过程，称为磨削。

2. 砂轮

磨削用的砂轮是由许多细小的坚硬磨粒用黏结剂黏结而成的，每个磨粒都相当于一把铣刀；当砂轮高速旋转时，就能不断地将工件表面的金属切下。磨削的原理类似于多刀刃的超高速铣削。

3. 加工范围

磨削广泛应用于内外圆柱面、圆锥面、螺纹、花键及齿轮等成形表面及刀具的精加工。此外，磨削还可代替车削、铣削等作粗加工或半精加工。其中，外圆磨削和平面磨削是最基本的磨削方式。

4. 磨床的分类

磨床有外圆磨床、内圆磨床、平面磨床、齿轮磨床、无心磨床及工具磨床等多种类型。

5. 切削热

磨削过程中会产生大量的切削热，高温可能会烧伤工件表面或使工件变形。因此，在磨削过程中，要使用大量的切削液，以降低磨削温度，并冲走磨屑。

三、实训项目

实训一：外圆磨床的操作、调整及维护保养

1. 实训目的

①熟悉外圆磨床的主要结构及其安全操作步骤。

②正确安装工件、合理选用砂轮。

③独立操作外圆磨床。

④掌握外圆磨床正确的润滑方法。

⑤掌握外圆磨床的日常维护和一般保养。

2. 实训内容

(1)外圆磨床的操作、调整

如图 4.1 所示，认识 M1432A 外圆磨床，掌握外圆磨床的操作与调整。

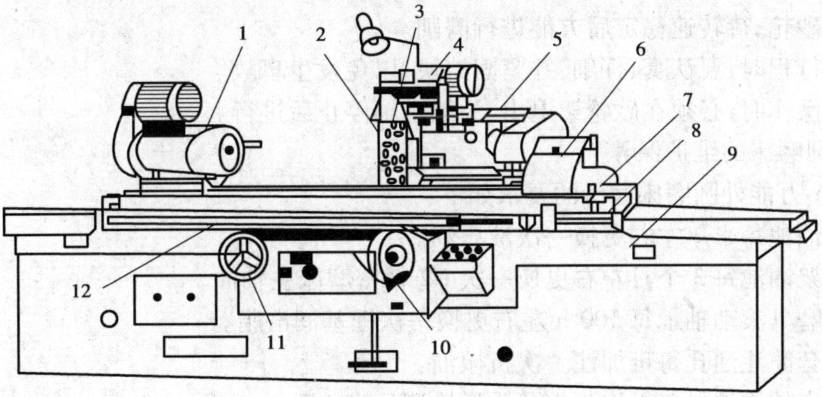

图 4.1　M1432A 万能外圆磨床

1—头架；2—砂轮；3—内圆磨具；4—磨架；5—砂轮架；6—尾架；7—上工作台；8—下工作台；9—床身；10—横向进给手轮；11—纵向进给手轮；12—换向挡块

M1432A 外圆磨床的操作步骤及质量检测见表 4.1。

表 4.1　磨床的操作步骤及质量检测

操作步骤		配分	评分标准	自检结果	实测结果	得分
工作台	工作台往复运动的手动操作	5 分	动作正确，得分			
	工作台往复运动的液压操作	15 分	动作正确，得分			
	工作台工作行程调整	15 分	挡块位置准确，得分			
	工作台转动角度调整	15 分	角度准确，得分			
	工作台往复运动速度调整	5 分	操作正确，得分			
砂轮架	砂轮快速进退运动操作	5 分	动作正确，得分			
	砂轮架横向进给运动操作	10 分	动作正确，得分			
	砂轮转速调整	5 分	操作正确，得分			

续表

操作步骤		配分	评分标准	自检结果	实测结果	得分
尾座	尾座顶尖手动操作	5 分	动作正确,得分			
	尾座顶尖自动操作	5 分	运动正确,得分			
	尾座位置的调整	5 分	位置合适,得分			
头架	头架位置的调整	5 分	位置合适,得分			
	头架工件转速的调整	5 分	操作正确,得分			
	安全文明生产		若违反规章,视情节倒扣 1 ~ 5 分			

操作外圆磨床时,应注意以下事项:

①启动砂轮,待转速稳定后方能进行磨削。

②调整行程时,要认真、仔细,并紧固挡块,以免发生事故。

③尾架操作时,必须在砂轮架退出、头架主轴停止后进行。

(2)外圆磨床的维护保养

M1432A 万能外圆磨床润滑的要求如下:

①床身油池每半年左右更换一次液压油。

②砂轮架油池每 3 个月左右更换一次 N2 精密磨床主轴油。

③内圆磨具滚动轴承每 500 h 左右更换一次锂基润滑脂。

④尾座套筒注油孔每班加注一次机械油。

外圆磨床的维护保养操作步骤及质量检测见表 4.2。

表 4.2　外圆磨床的维护保养操作步骤及质量检测

操作步骤		质量检测内容	配分	评分标准	自检结果	实测结果	得分
润滑	合理选择润滑油	是否合理	5 分	选择合理,得分			
	加注润滑油	是否加注	10 分	正确加注,得分			
日常保养	工作前后清理、检查磨床	是否做全	10 分	做全,得分			
	涂油防锈	是否做全	5 分	做全,得分			
	人工润滑	是否做	5 分	按规定加注,得分			
	更换冷却液	是否做全	5 分	做全,得分			
	控制磨床工作温度	是否做	5 分	做,得分			
	工件加工精度与磨床相适应	是否适应	10 分	适应,得分			
	操作中不碰撞、拉毛磨床工作面和部件	是否做到	10 分	做到,得分			

续表

操作步骤		质量检测内容	配分	评分标准	自检结果	实测结果	得分
一般保养	外保养	是否做全	5 分	做全,得分			
	头架、砂轮架、尾架保养	是否做全	10 分	做全,得分			
	液压、润滑系统保养	是否做全	5 分	做全,得分			
	冷却系统保养	是否做全	5 分	做全,得分			
	电气系统保养	是否做全	5 分	做全,得分			
	随机系统保养	是否做全	5 分	做全,得分			
		安全、文明生产		若违反规章,视情节倒扣 1~5 分			

外圆磨床维护保养时,应注意以下事项:

①正确使用磨床,熟悉磨床各部件的操作方法和步骤。

②严禁敲击磨床的零部件,工作中严禁碰撞磨床表面。

③调整头架、尾架位置时,先清洁、涂油,再移动部件。

实训二:正确装夹工件

1. 实训目的

①掌握用双顶尖装夹工件的正确操作方法和步骤。

②掌握用心轴装夹工件的正确操作方法和步骤。

③了解在磨床上装夹工件的其他方法。

2. 实训内容:双顶尖装夹工件

用两顶尖装夹工件是最常用的装夹方法。其优点是装夹方便,定位精度高。如图 4.2(a)所示,装夹工件时,利用工件两端中心孔的锥面使工件被支承在前后顶尖的锥面上,形成工件的旋转轴线。如图 4.2(b)所示,工件由鸡心夹头夹持,头架上的拨盘或拨杆带动鸡心夹头旋转,从而带动工件旋转。

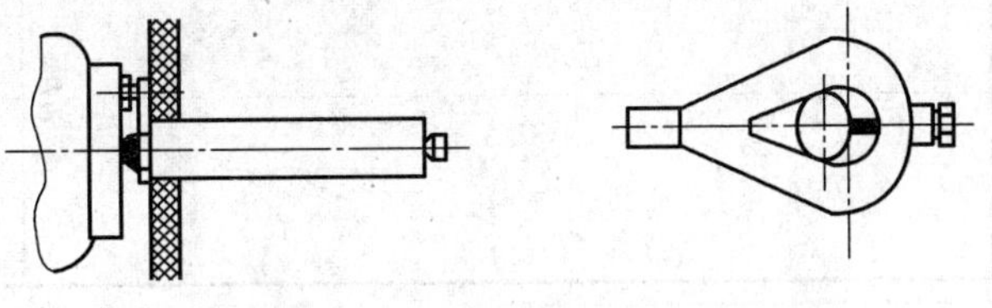

(a) (b)

图 4.2 双顶尖装夹工件

双顶尖装夹工件的操作步骤及质量检测见表 4.3。

表 4.3 双顶尖装夹工件的操作步骤及质量检测

操作步骤		质量检测内容	配分	评分标准	自检结果	实测结果	得分
	安装顶尖	顶尖选择是否合适,动作是否正确	20 分	选择合适,动作正确,得分			

续表

操作步骤		质量检测内容	配分	评分标准	自检结果	实测结果	得分
双顶尖装夹操作	调整尾座位置	位置是否准确	20 分	位置准确,得分			
	安装鸡心夹头	操作是否正确	20 分	操作正确,得分			
	两顶尖间安装工件	操作是否正确	20 分	操作正确,得分			
	调整拨盘,微调尾座顶尖顶紧力	操作是否正确	20 分	操作正确,得分			
		安全、文明生产		若违反规章,视情节倒扣 1 ~ 5 分			

实训三:外圆磨削

1. 实训目的

①掌握外圆柱面磨削的方法及特点。

②掌握外圆柱面磨削用量的选择、砂轮的选择。

③掌握量具的正确使用。

④掌握外圆磨削时尺寸测量的方法。

⑤掌握中心孔的修研。

⑥遵守操作规程,养成安全、文明生产的好习惯。

2. 实训内容

(1)零件图分析

在 M1432A 磨床上磨削如图 4.3 所示的零件外圆柱面。

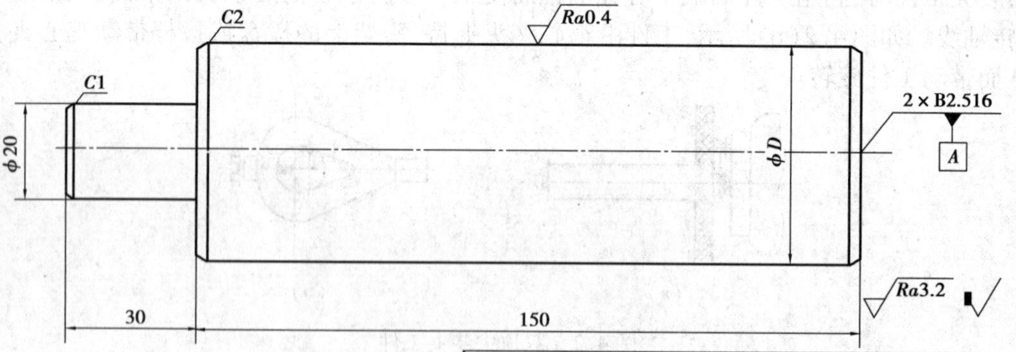

尺寸	φD
演示	$\phi 51.5_{-0.016}^{0}$
学生练习	
1	$\phi 51_{-0.016}^{0}$
2	$\phi 50.5_{-0.016}^{0}$
3	$\phi 50_{-0.016}^{0}$

练习内容	练习课时数/h	材料	毛坯尺寸/mm	件数	工时/min
磨销外圆柱面	6	45	$\phi 52_{0}^{+0.025}$	1	280

图 4.3　外圆柱面零件图

(2)操作步骤及质量检测

磨削加工此零件的主要操作步骤及质量检测见表4.4。

表4.4　外圆柱面的磨削步骤及质量检测

操作步骤	质量检测内容	配分	评分标准	自检结果	实测结果	得分
检查毛坯尺寸	ϕD	30分	超差小于0.005 mm,扣15分;否则,全扣			
用双顶尖装夹工件	表面粗糙度	30分	超差,扣15分			
粗磨外圆尺寸(见图4.3)	工件装夹	20分	不修磨顶尖孔扣一半;不符合,不得分			
精磨外圆尺寸(见图4.3)	操作正确性	20分	不符合,不得分			
	安全、文明生产		若违反规章,视情节倒扣1~5分;情节严重,全扣			

外圆柱面磨削时,应注意以下事项:

①操作前,先检查磨床运转是否正常,待磨床空转一定时间后再进行操作。

②正确选择磨削用量。

③磨削时,注意中心孔的保护和及时修研。

④磨削结束无火花时,还需光磨2~3次。

实训四:平面磨削

1. 实训目的

①了解平面磨床的基本结构。

②掌握平面磨床工作台的操作和调整。

③掌握平面磨床砂轮架的操作和调整。

④掌握工件在平面磨床上的安装、调整。

⑤掌握在平面磨床上磨削平行面的加工方法。

⑥掌握在平面磨床上磨削垂直面的加工方法。

⑦遵守操作规程,能磨削一般平面。

2. 实训内容

(1)平面磨床的操作与调整

如图4.4所示为一种小型平面磨床。其操作注意事项如下:

①启动磨床前,应检查各部件是否正常。

②在工作前,先对砂轮架进行润滑。

③砂轮架下降时,避免因惯性撞到工件。

图4.4　平面磨床

(2)平行面的磨削

平面磨床的操作步骤及质量检测见表4.5。

表4.5 平面磨床的操作步骤及质量检测

操作步骤		质量检测内容	配分	评分标准	自检结果	实测结果	得分
工作台	工作台的液压操作	操作是否正确	20分	动作正确,得分			
	工作台的手动操作	动作是否正确	10分	动作正确,得分			
	调整挡块的位置	挡块位置是否正确	15分	位置正确,得分			
	调整工作台直线往复运动速度	操作是否正确	10分	动作正确,得分			
砂轮架	砂轮架横向进给	操作是否正确	15分	动作正确,得分			
	砂轮架横向手动进给	操作是否正确	15分	动作正确,得分			
	砂轮架垂直进给	操作是否正确	15分	动作正确,得分			
		安全、文明生产		若违反规章,视情节倒扣1~5分;情节严重,全扣			

在平面磨床上磨削平行面,其零件图如图4.5所示。平行面的磨削步骤及质量检测见表4.6。

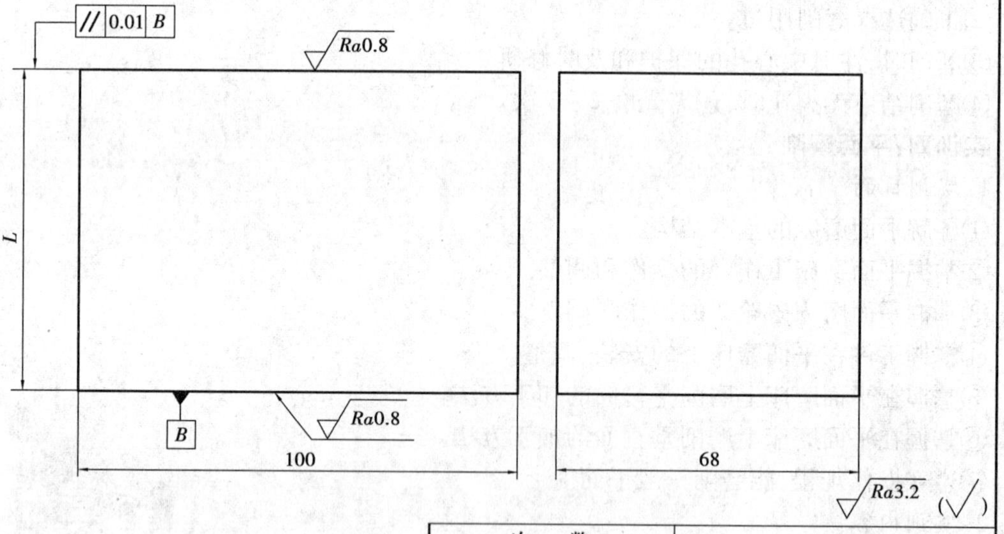

次数	L
演示	$70_{-0.02}^{0}$
学生练习	
1	$69_{-0.02}^{0}$
2	$68_{-0.02}^{0}$
3	$67_{-0.02}^{0}$

练习内容	练习课时数/h	材料	毛坯尺寸/mm	件数	工时/min
手动或机动磨削平面	2	45	100×88×71	1	60

图4.5 磨削平行面

表 4.6　平行面的磨削步骤及质量检测

操作步骤	质量检查内容	配分	评分标准	自检结果	实测结果	得分
检查毛坯尺寸		30 分	超差小于 0.005 mm,扣 10 分;超差大于 0.005 mm,但小于 0.01 mm,扣 20 分;超差大于 0.01 mm,全扣			
安装工件	平行度	20 分	超差小于 0.005 mm,扣 10 分;超差大于 0.01 mm,全扣			
工作台行程调整	表面粗糙度	20 分	每处超差扣 8 分			
以 *B* 面定位,磨另一面至尺寸	工件装夹	10 分	不符合,不得分			
翻面,磨 *B* 面至尺寸	操作正确	10 分	不符合,不得分			
	安全、文明生产	10 分	若违反规章,视情节扣 1 ~ 5 分;情节严重,全扣			

磨削平行面时,应注意以下事项:

①装夹工件时,工件定位面应清洗干净,磁性台面应保持清洁。

②测量时,应保持基准面清洁。

③砂轮不能全部越出工件后再换向,以免塌角。

(3)垂直面的磨削

在平面磨床上磨削如图 4.6 所示零件与基准面垂直的两个上平面。其垂直面的磨削步骤及质量检测见表 4.7。

磨削垂直面时,应注意以下事项:

①工作前,检查设备工作是否正常,并进行润滑。

②用精密角铁装夹工件时,应检查角铁本身的精度。

③夹紧力适当。

④夹紧硬度低的工件时,需垫铜片,以免产生印痕。

实训五:磨削综合训练

1. 实训目的

①掌握平面磨床的正确操作方法。

②学习平面的磨削方法。

③掌握工具、量具的使用。

④培养编制加工工艺的能力。

⑤遵守操作规程,养成安全、文明生产的好习惯。

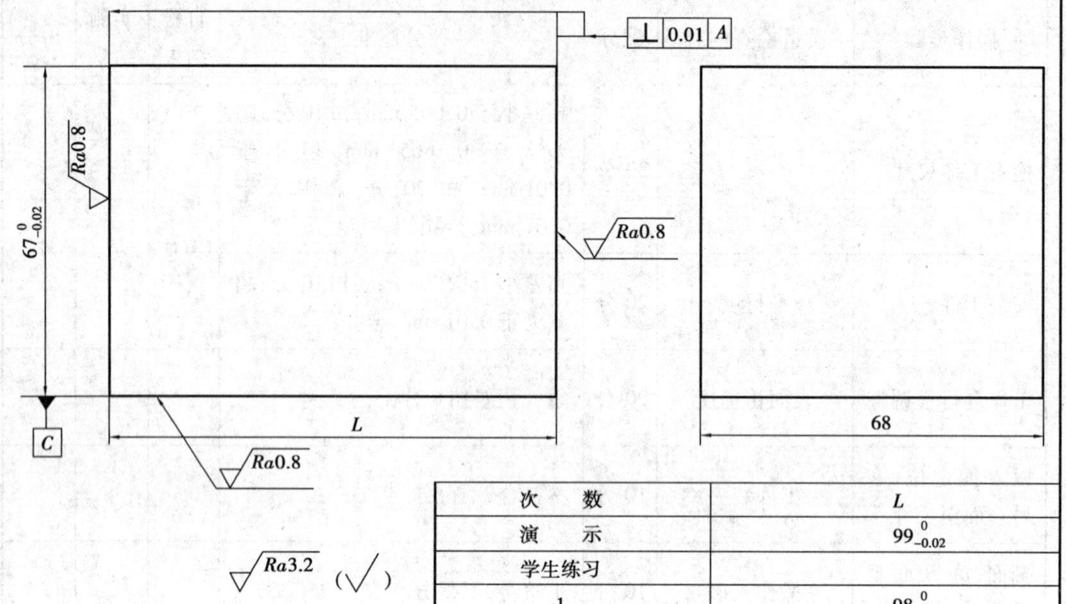

次数	L
演示	$99^{0}_{-0.02}$
学生练习	
1	$98^{0}_{-0.02}$
2	$97^{0}_{-0.02}$
3	$96^{0}_{-0.02}$

练习内容	练习课时数	材料	件数	工时/min
垂直面磨削	2	45	1	100

图 4.6 磨削垂直面

表 4.7 零件垂直面的磨削步骤及质量检测

操作步骤	质量检查内容	配分	评分标准	自检结果	实测结果	得分
检查毛坯尺寸	$96^{0}_{-0.02}$	30 分	超差小于 0.005 mm,扣 10 分;超差大于 0.005 mm,但小于 0.01 mm,扣 20 分;超差大于 0.01 mm,全扣			
用精密角铁装夹工件	平行度	20 分	每处超差小于 0.005 mm,扣 5 分;超差大于 0.005 mm,扣 10 分			
工作台行程调整	表面粗糙度	20 分	每处超差扣 8 分			
磨削工件至尺寸	工件装夹	10 分	不符合,不得分			
	操作正确	10 分	不符合,不得分			
	安全、文明生产	10 分	若违反规章,视情节扣 1 ~ 5 分;情节严重,全扣			

2. 实训内容

(1)磨削如图 4.7 所示的定位块

如图 4.7 所示定位块的磨削步骤及质量检测见表 4.8。

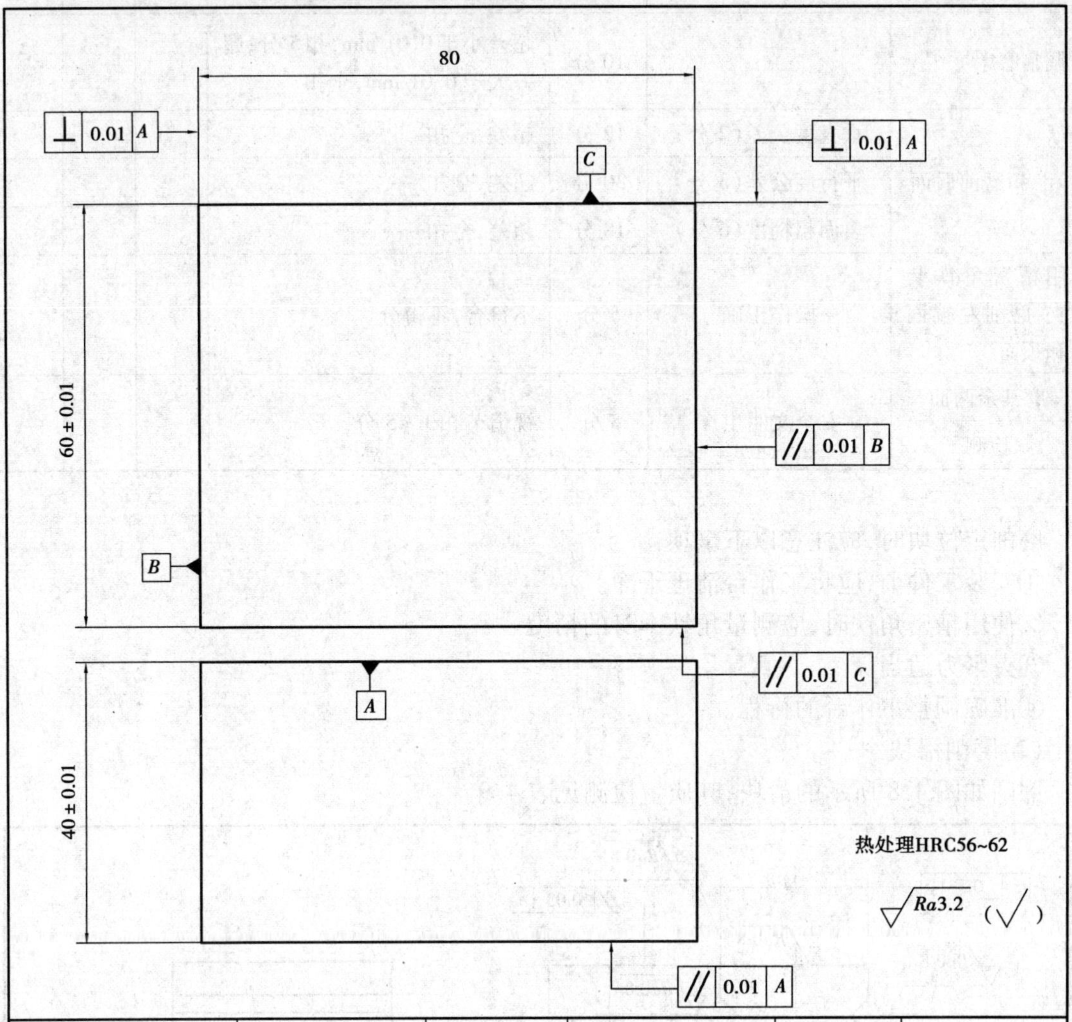

练习内容	练习课时数/h	材料	毛坯尺寸/mm	件数	工时/min
定位块	10	T10A	81×61×41	1	360

图 4.7 定位块

表 4.8 定位块的磨削步骤及质量检测

操作步骤	质量检查内容	配分	评分标准	自检结果	实测结果	得分
检查毛坯尺寸		10 分	超差小于 0.005 mm,扣 5 分; 超差大于 0.005 mm,全扣			
装夹工件		10 分	超差小于 0.008 mm,扣 5 分; 超差大于 0.008 mm,全扣			

续表

操作步骤	质量检查内容	配分	评分标准	自检结果	实测结果	得分
调整磨床		10 分	超差小于 0.01 mm,扣 5 分;超差大于 0.01 mm,全扣			
粗、精磨前后面	垂直度公差(2 分)	12 分	超差,全扣			
	平行度公差(3 分)	30 分	超差,全扣			
	表面粗糙度(6 分)	18 分	超差,全扣			
用精密角铁装夹,磨削左端面和顶面	操作正确	5 分	不符合,不得分			
磨其余两面	安全文明生产	5 分	视情节扣 1 ~ 5 分			
检测						

磨削定位块时,应注意以下事项:

①安装工件前,应将工作台清理干净。

②使用精密角铁时,应测量角铁本身的精度。

③夹紧力适当。

④准确调整工作台的行程。

(2)磨削滑块

磨削如图 4.8 所示的滑块,其质量检测见表 4.9。

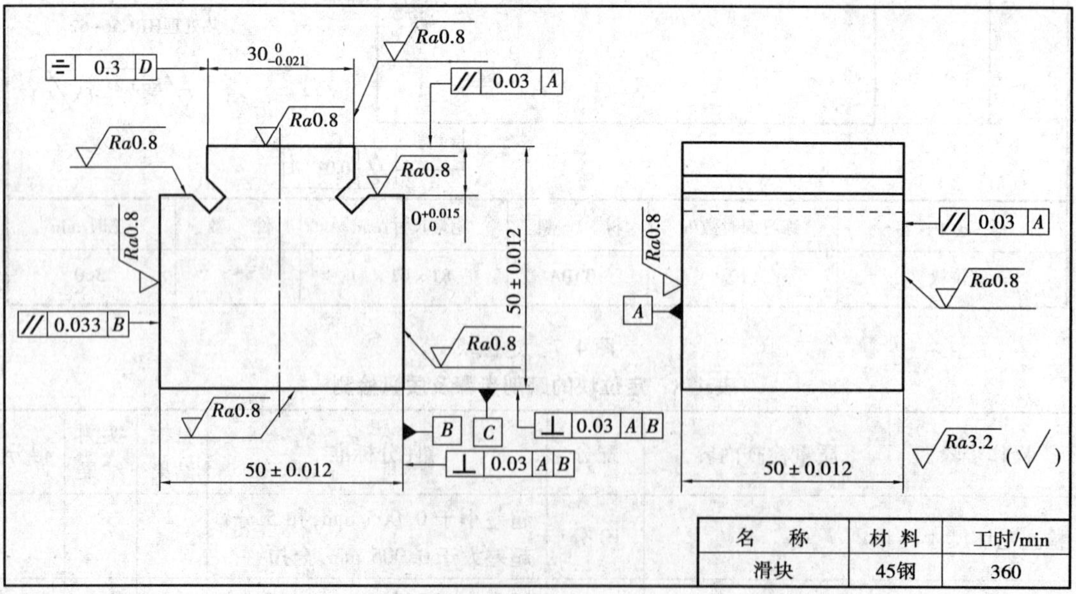

图 4.8 滑块

表 4.9　滑块磨削的质量检测

质量检查内容	配分	评分标准	自检结果	实测结果	得分
50 ±0.012(3 处)	33 分	超差 1 处,扣 11 分			
$30_{-0.021}^{0}$	11 分	超差,不得分			
$10_{0}^{+0.015}$(两处)	11 分	超差 1 处,扣 5.5 分			
表面粗糙度(10 处)	15 分	超差 1 处,扣 1.5 分			
平行度(3 处)	15 分	超差 1 处,扣 5 分			
对称度	5 分	超差,不得分			
垂直度(两处)	10 分	超差 1 处,扣 5 分			
安全、文明生产		若违反规章,视情节倒扣 1 ~ 5 分;情节严重,扣 10 分			

(3)磨削台阶轴

在 M1432A 磨床上磨削如图 4.9 所示的台阶轴,其质量检测见表 4.10。

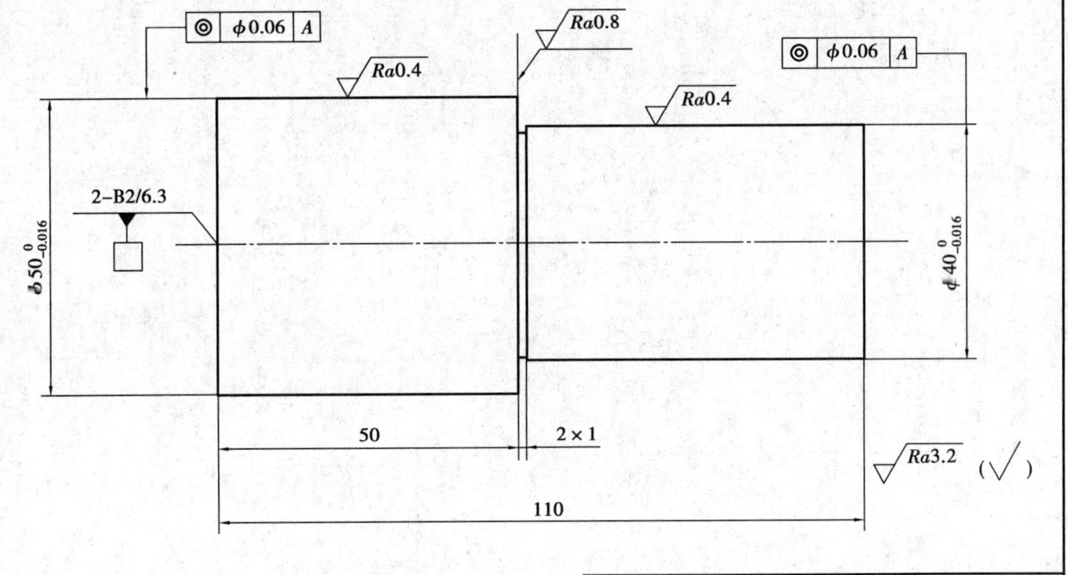

名　称	材　料	工时/min
台阶轴	45钢	360

图 4.9　台阶轴

表 4.10　台阶轴磨削的质量检测

质量检查内容	配分	评分标准	自检结果	实测结果	得分
$\phi50_{-0.016}^{\ 0}$	20 分	超差,不得分			
$\phi40_{-0.016}^{\ 0}$	20 分	超差,不得分			
同轴度(两处)	30 分	超差 1 处,扣 15 分			
Ra 0.4(两处)	20 分	超差 1 处,扣 10 分			
Ra 0.8	10 分	超差,不得分			
安全、文明生产		若违反规章,视情节倒扣 1 ~ 5 分;情节严重,扣 10 分			

第五章
铸造实训

一、实训要求

①了解主要的铸造方法。

②了解砂型铸造的特点、工具及其操作。

③能制作简单零件的砂型。

二、相关知识点

在机械制造生产过程中,零件的加工需要使用金属原料(毛坯)。其中,大部分形状复杂的毛坯是铸件,如箱体类零件、飞轮等。铸件是用铸造工艺获得的具有一定形状与功能的金属零件或毛坯;铸造工艺是将液体金属浇注到预制的型腔,待金属冷却凝固后获得零件或毛坯的方法。

1. 铸造的特点

①可制成形状复杂,尤其是具有复杂内腔的毛坯,如箱体、机座、缸体及车床床身等。

②设备简单,操作方便,生产准备周期短。

③铸造用的原材料来源广泛,价格低廉,设备投资少,成本低。

④适应性强,现代生产所用的各种金属材料都可用铸造工艺生产毛坯,铸件(毛坯)质量轻至几克,重至数吨。

⑤铸件(毛坯)的形状、大小与零件相似,减小了后续的加工工作量。

⑥铸造生产工艺过程难以控制,铸件(毛坯)的质量不够稳定。

⑦砂型铸造的铸件(毛坯)表面质量较低,易产生缺陷,力学性能不及锻件。

2. 铸造的分类

铸造工艺按铸型材料、造型工艺和浇注方式不同,可分为砂型铸造和特种铸造两大类。

(1)砂型铸造

砂型铸造是将液态金属浇注到预制的型腔中,待金属冷凝后获得铸件(毛坯)的方法。砂型铸造应用较广泛,既适用于单件、小批量的手工造型,也适用于批量生产的机器造型和自动生产线。

(2)特种铸造

1)熔模铸造

熔模铸造是指首先用易熔材料制成模型,然后用造型材料将其包裹,经过硬化,再将其模型熔化,从而获得铸件(毛坯)的方法。该方法制得的铸件(毛坯)精度、表面粗糙度均较高,金属材料利用率高。

2)金属铸造

金属铸造是指将熔融的金属材料浇注到预制的金属型腔,待液体冷凝后获得铸件(毛坯)的方法。该方法中的金属型腔可多次使用,减小了生产准备时间。

3)压力铸造

压力铸造是指通过高压将液态或半液态的金属材料压入金属型腔中,待冷凝后获得铸件的方法。压铸件的质量好、成本低,在国防、电器、汽车等领域被广泛应用。

4)离心铸造

离心铸造是指将熔融的液态金属浇入高速旋转的铸造型腔中,通过离心力将型腔填满,从而获得铸件的方法。

在工艺操作性和适应性方面,以及在提高铸件的精度和表面粗糙度、改善金属性能、提高生产效率、改善劳动条件及降低成本等方面,每种铸造方法都有其特点和应用范围,见表5.1。

表5.1 几种主要铸造方法的比较

项目	方法				
	砂型铸造	熔模铸造	金属铸造	压力铸造	离心铸造
适应金属	不限制	不限制,铸钢为主	不限制,有色合金为主	有色合金为主	铸铁、铸钢
铸件大小	不限制	<25 kg	中小铸件,也可用于数吨大件	<10 kg,也可用于中等铸件	不限制
生产批量	不限制	不限制	大批、大量	大批、大量	成批、大量
铸件精度	IT15—IT14	IT14—IT11	IT14—IT12	IT14—IT11	—
表面粗糙度	粗糙	$Ra25\sim1.6$	$Ra25\sim6.3$	$Ra6.3\sim0.8$	内孔粗糙
加工余量	大	小或不加工	小	不加工	内孔余量大
内部组织	结晶粗	结晶粗	结晶细	结晶细	缺陷少
生产率	低、中	低、中	中、高	高	中、高
应用范围	一般铸件	刀具、刀杆、叶片、自行车零件、车床零件等	铝活塞、水暖器材、一般有色合金铸件等	汽车化油器、喇叭、发动机缸体、电器、照相机零件、仪表等	各种铁管、套筒、环、辊、叶轮、滑动轴承等

3.型砂(砂型铸造)

(1)组成

型砂一般由砂、黏土、水及一些附加物按一定比例混合而成。

(2)手捏法检验型砂

当型砂湿度达到一定程度后,用手捏砂成团,再将砂团折断。若断面没有碎裂纹且具有一定的强度,表示砂已配好。

(3)型砂的特性

①高强度、高耐火性,可承受高温液态金属的冲刷及烘烤。

②较好的透气性、退让性,以保证铸件冷却收缩时不产生裂纹。

4. 工具(砂型铸造)

(1)砂箱

砂箱是砂型铸造的主要工具,如图 5.1 所示。

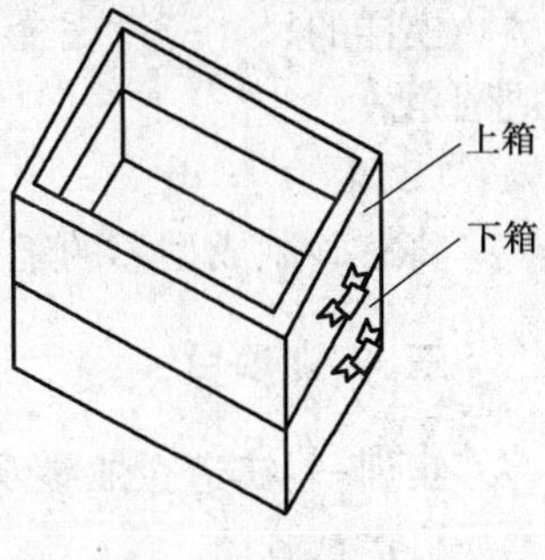

图 5.1　砂箱

(2)造型工具

造型工具如图 5.2 所示。

5. 砂型

用型砂在砂箱中做成,可供浇注的铸型即为砂型。如图 5.3 所示,砂型由上砂箱、下砂箱、型腔、冒口、气孔及浇注系统组成。其中,定位销的作用是避免型腔错位或错箱。

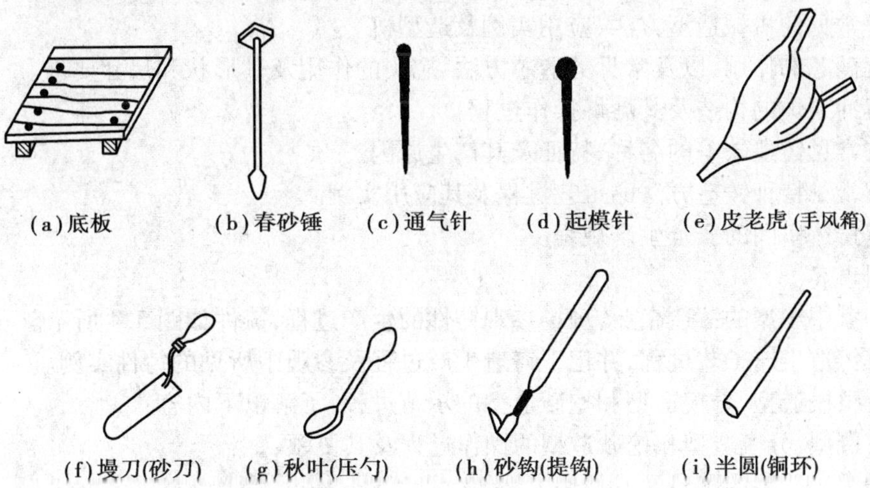

图 5.2　造型工具图

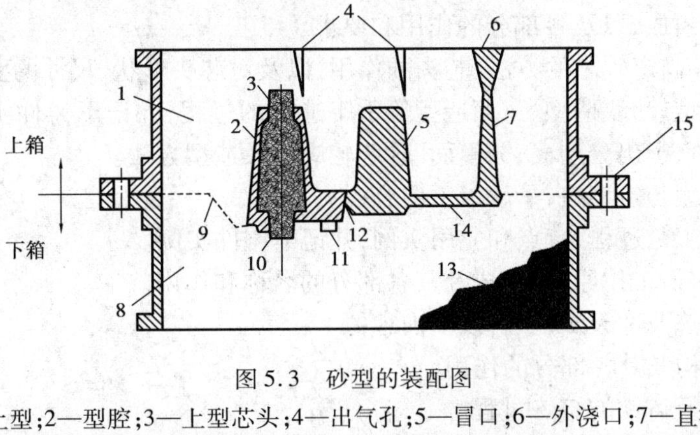

图 5.3　砂型的装配图

1—上型;2—型腔;3—上型芯头;4—出气孔;5—冒口;6—外浇口;7—直浇道;

8—下型;9—分型面;10—下型芯头;11—冷铁;12—内浇道;13—型砂;14—横浇道;15—定位销

6. 模样与芯盒

(1)模样

用木材制成的待铸造的毛坯或零件的外形。

模样的尺寸应考虑金属的收缩性和后续加工余量,为了造型方便,还应考虑起模斜度和铸造圆角。

(2)芯盒

将芯砂制成型芯的工艺装备,可由木材、塑料或其他材料制成。

三、实训项目

实训一:铸造企业参观实习

1. 实训目的

①了解砂型铸造的生产过程及应用实例。

②了解型砂的性能要求及其制备。

③了解各种手工造型方法的应用实例及铸造工艺,包括分型面、浇注位置和浇注系统。

④了解常见的机械造型方法、应用实例及造型机。

⑤了解砂芯的作用,以及常见的造芯方法、芯头的作用及其形状和尺寸要求。

⑥了解冲天炉的构造及其熔炼操作过程。

⑦了解常见铸造缺陷的名称、特征及其产生原因。

⑧了解常见特种铸造方法的工艺过程及其应用实例。

⑨了解铸造车间的安全生产规程。

2. 实训内容

选择一家中小型的铸造企业,现场参观铸件的生产过程,铸件如图 5.4 所示。

①了解铸造生产工艺过程,并记下铸造生产过程及参观中所见的铸件实例。

②观摩整模造型、分模造型和挖砂造型的示范过程,了解以下内容:

a. 整模造型、分模造型和挖砂造型的操作过程及其要领。

b. 常用手工造型的工具及其使用方法。

c. 舂砂紧实度的要求及其对铸件质量的影响。

d. 浇注系统的组成,以及各部分的作用和要求。

e. 砂芯的作用、固定砂芯的方法、芯头的作用,以及对芯头形状、尺寸的要求。

③参观假箱造型、活块造型、三箱造型等手工造型的过程,并记下铸件实例,画出铸件图,注明铸件名称、数量,标出分型面、分模面、砂芯轮廓线及造型方法。

④参观机器造型与造型机,了解以下内容:

a. 机器造型的工艺过程、特点和应用实例,并记下铸件实例。

b. 造型机的型号、工作原理、组成及其各部分的名称和作用。

⑤参观铸铁熔炼及冲天炉,了解以下内容:

a. 冲天炉的结构及其各部分的作用。

b. 炉料的组成及铸铁的熔炼过程。

c. 冲天炉熔炼的操作过程及其注意事项。

d. 观察各种炉料的备料、配料,并记下要熔炼铸铁的牌号与炉料配比实例。

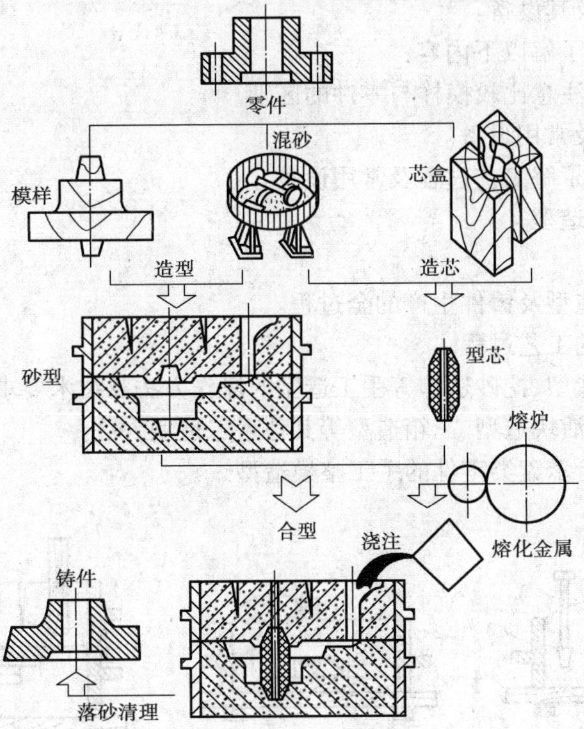

图 5.4　铸件生产过程

⑥参观开炉浇注，注意浇注安全技术。

a. 在冲天炉前观看出铁、出渣和炉前球化处理等过程。

b. 观看炉前检验（快速分析铁水成分）。

c. 参观中小型铸件及大型铸件的浇注，注意浇注温度、浇注速度及浇注采取的措施。

d. 了解浇注用的工具及设备。

⑦参观落砂、清理及铸件热处理。

a. 了解落砂、清理的要求及程序、设备，注意浇注到落砂的时间及落砂时铸件的温度。

b. 参观清理时，注意了解铸铁件、铸钢件和有色金属铸件浇冒口的不同切除方法。

c. 参观铸件热处理时，记下实例，包括铸件名称、材料（牌号）、热处理名称、目的及工艺过程（加热温度、保温时间和冷却方式）等。

⑧观看铸件缺陷与废品，了解常见铸件缺陷的名称、特征及产生原因（结合铸造工艺分析）。

⑨参观砂芯制造，了解以下内容：

a. 对砂芯性能的要求、芯砂的种类及成分配方、芯砂的制备。

b. 砂芯制造的方法及其工艺过程。

c. 芯盒、砂芯、模样、铸型与铸件的关系。

⑩参观型砂制备，了解以下内容：

a. 对型砂性能的要求及检测试验方法（手捏法）。

b. 型砂的组成，并记下型砂配方实例。

c. 型砂制备过程及其设备。

⑪参观模样制作，了解以下内容：

a. 模样结构特点，注意比较模样与零件的区别。

b. 木模制造过程及常用设备。

⑫参观特种铸造，了解工艺过程及常用设备。

实训二：手工整模造型

1. 实训目的

①现场参观手工造型及铸件生产的全过程。

②了解整模造型的工艺过程。

③了解现场分模造型、挖砂造型等手工造型的操作方法及技术要求。

④了解假箱造型、活块造型、三箱造型等其他手工造型方法。

⑤完成如图5.5所示盘类零件的手工整模造型。

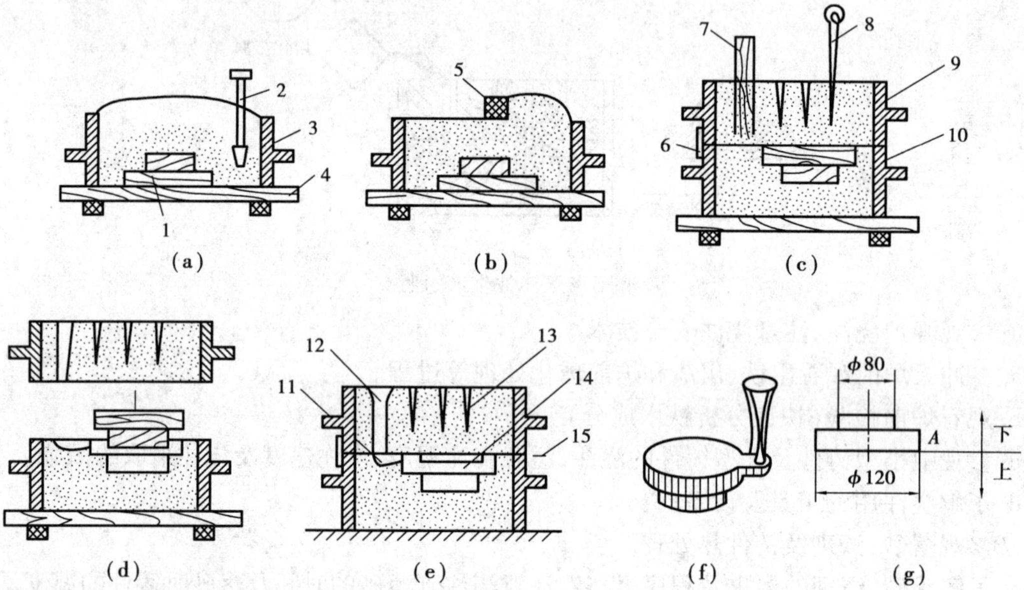

图5.5　盘类零件的手工整模造型

1—模样；2—砂冲子；3—砂型；4—底板；5—刮板；

6—泥号；7—浇口棒；8—气孔针；9—上型；10—下型；

11—内浇道；12—直浇道；13—通气孔；14—型腔；15—分型面

2. 实训内容

①独立操作如图5.5所示零件的手工整模造型，要求不漏工序，且各工序操作正确，舂砂松紧适度；初步掌握手工造型的基本操作方法。

②观察学习现场分模造型和挖砂造型、下芯、合型。

③了解常见的造型方法。

④观察并回答以下内容：

a. 什么叫分模面、分型面？分模面、分型面的作用是什么？

b. 结合所用模样的结构特点，分析分型面与分模面的选择。

c.结合所做的铸件实例,说明铸件名称、数量,并画出铸件图,标出分模面、分型面,画出砂芯轮廓线,注明造型方法。

⑤结合所造砂型,分析铸型的组成,以及模样、型腔与铸件的关系。

⑥掌握手工造型的安全技术。

第六章
焊接实训

一、实训要求

①了解焊接的安全知识。

②了解焊接技术的理论知识及其应用。

③能在老师指导下完成钢板焊条电弧焊、平焊和T形焊等操作。

④了解气割、气焊和平焊的基本操作。

二、相关知识点

1.焊接的安全知识

金属材料的焊接与切割是特种作业之一。在焊接与切割过程中,操作者需要与各种易燃易爆气体、压力容器及电器设备相接触;焊接过程中会产生有害的电弧光辐射、金属烟尘、有毒气体、高频电磁场、射线及噪声等。在焊接实训中,要强调安全操作技能的培训;实际操作训练中,应采取相应的安全防护措施。

电弧焊时,电弧光产生强烈的紫外线对人体健康有一定的危害,可引起皮肤电弧灼伤和电光性眼炎;工作地周围应尽可能放置屏蔽板,以防止电弧光伤害他人。电弧焊时,操作人员应按劳动保护规定,穿白色帆布工作服,并佩戴焊工面罩、工作帽、手套及脚盖;保持环境干燥、清洁;在潮湿地点焊接作业,地面上应铺设橡胶绝缘垫或其他绝缘材料;面罩上使用黑玻璃,能有效过滤紫外线。

金属烟尘是焊接时的高温引起被焊金属和焊材金属元素的蒸发和氧化而产生的。如果操作人员因为防护不良而吸进过多的烟尘,易引起头痛、恶心、气管炎、肺炎,甚至引起焊工尘肺、金属热或锰中毒;良好的通风是消除焊接粉尘和有毒气体、改善劳动条件的有利措施。

焊接前,应将作业现场10 m范围以内的易燃易爆物品清除或妥善处理,以防止发生火灾或爆炸事故;焊工在更换焊条时,一定要戴电焊手套,不得赤手操作;在带电情况下,不得将焊钳夹在腋下去搬动焊件或将电缆线绕在脖子上。

焊接常用的焊接设备有气焊、气割、焊条电弧焊设备,设备使用前,必须经专业人员进行检查维护;实训人员在使用前必须按设备操作规程进行安全检查。

合理组织劳动和作业布局,避免操作区过于拥挤;场地中,设备、工具及材料等排列整齐,保持通道畅通，便于消防、撤离或抢救伤员；车辆通道宽度不得小于 3 m；人员通道宽度不得小于 1.5 m；实训操作工位面积不小于 4 m^2；工位之间必须设有低于 1.8 m 的阻燃防护屏，下部留 25 cm 左右的间隙，以使空气流通；地面干燥，并有良好的采光和照明。

工作完毕离开作业现场时，必须切断电源并清理现场，防止留下事故隐患。

2. 焊接的基本概念

焊接是通过加热或加压（或两者并用），用（或不用）填充材料，使工件达到结合的一种制造工艺及技术。焊接分为熔化焊（加热）、压力焊（加压或加热与加压同时使用）、钎焊（加钎料）三大类。

（1）熔化焊

通过局部加热，将连接处的金属加热至熔化状态而完成的焊接方法，称为熔化焊。在加热状态下，被焊接金属局部熔化成液态，待冷却凝固后即可形成牢固的焊接接头。常见的气焊、焊条电弧焊、电渣焊、气体保护焊及等离子弧焊等均属于熔化焊。

（2）压力焊

对工件局部加压或加压的同时加热而完成焊接的焊接方法，称为压力焊。常见的压力焊有冷压焊、爆炸焊、锻焊、接触焊、摩擦焊及气压焊等。

（3）钎焊

把熔点低于被焊金属的钎料金属加热熔化至液态，并使其渗透到被焊金属接缝的间隙中而达到结合的焊接方法，称为钎焊。虽然钎焊的金属结合机理与熔化焊和压力焊不同，但由于结合的形式与焊接相似，并且具有一些特殊性能，因此，在现代焊接技术中仍占有一定的地位。常见的钎焊方法有烙铁钎焊、火焰钎焊、感应钎焊及盐浴钎焊等。

3. 切割的基本概念

与焊接相反，切割是把完整的工件分离的加工工艺方法。切割分为火焰切割、电弧切割和冷切割。

（1）火焰切割

利用可燃性气体与氧气混合燃烧产生的预热火焰使金属在氧气流中剧烈燃烧，从而形成割缝完成切割的方法，称为火焰切割。火焰切割中使用的可燃性气体有乙炔、煤气、天然气及丙烷等。其中，乙炔应用较广泛。

（2）电弧切割

利用电弧作为热源将金属熔化从而实现切割的方法，称为电弧切割，如等离子切割。

（3）冷切割

冷切割在冷切割过程中不会产生高温，可使被切割物保持原有材料特性。它是一种新型的切割方法。常见的冷切割有激光切割和水射流切割等。

4. 焊接工艺基础知识

（1）焊接接头形式

焊接接头是焊接最基本的要素。焊接接头的基本形式如图 6.1 所示。其中，对接接头受力最好，是最常用的接头形式；T 形接头能承受各个方向的力，但应力集中较大。在焊接实训中，主要采用这两种接头形式。

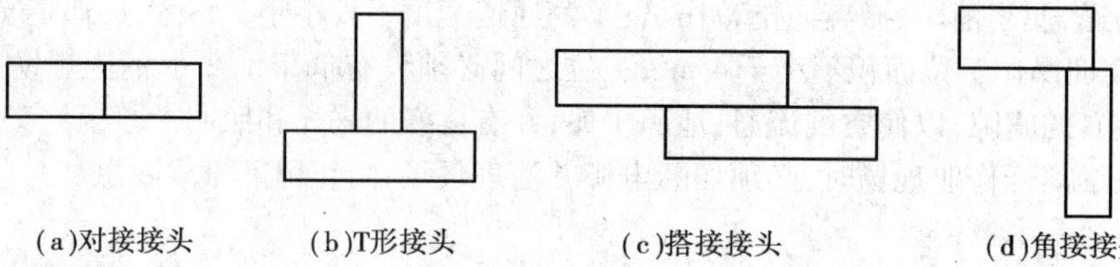

图 6.1　接头的基本形式

(2)焊接坡口形式及尺寸

开坡口的目的是保证电弧能深入焊缝根部,使根部焊透,获得良好的焊缝成形;同时,坡口的角度还能改变被焊金属与填充金属的比例,从而调整焊缝金属的成分,改善焊缝组织性能。常见破口的形式有 I 形(不开坡口)、V 形和 U 形。坡口形式及尺寸如图 6.2 所示。

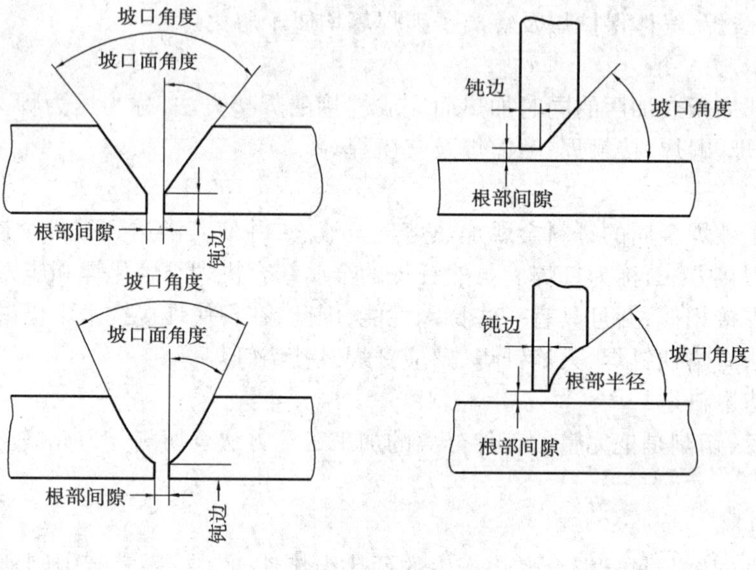

图 6.2　焊接坡口及尺寸

被焊金属材料一般为低碳钢、低合金钢板材,使用前切割至规定尺寸,并按图纸加工成需要的坡口形式。在工件储存过程中,要注意防锈。使用前,要对坡口处进行清理和打磨。

(3)焊接位置

在实际焊接中,常见的焊接情况有板材对接、板材 T 接、管材对拉、管材与板材 T 接。相应的焊接位置如图 6.3—图 6.6 所示。

(4)焊条和焊丝

焊条电弧焊中使用的涂有药皮的熔化电极,称为焊条。焊条由焊芯和药皮组成。在焊接过程中,焊条不仅传导电流、填充金属,还起到了稳弧、渣气联合保护、过滤合金、改善焊接工艺性能等作用。焊条按药皮熔化后的熔渣特性,可分为酸性焊条和碱性焊条两大类。其特性比较见表 6.1。

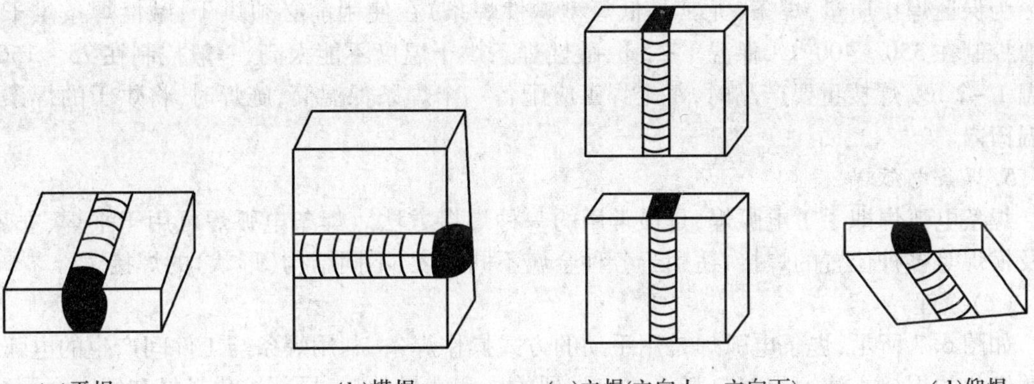

(a)平焊　(b)横焊　(c)立焊(立向上、立向下)　(d)仰焊

图 6.3　板材对接接头焊接位置

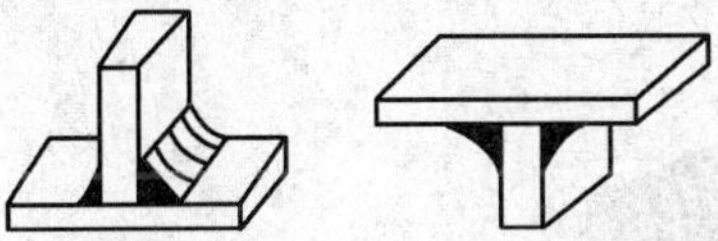

(a)平焊　(b)仰焊

图 6.4　板材 T 形接头焊接位置

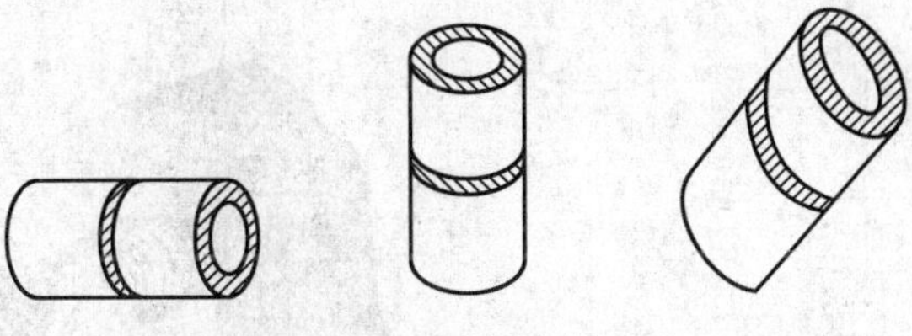

(a)水平固定焊　(b)垂直固定焊　(c)45°斜焊

图 6.5　管材对接接头焊接位置

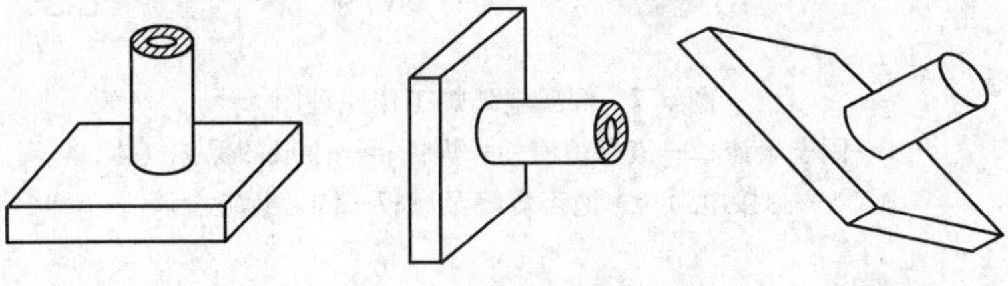

(a)水平固定焊　(b)垂直固定焊　(c)45°斜焊

图 6.6　管材焊接位置

表 6.1　酸性焊条与碱性焊条的比较

名称	熔渣成分	优点	缺点	适用范围
酸性焊条	酸性氧化物	工艺性好，容易引弧，且电弧稳定；飞溅小，脱渣性好，焊缝成形美观；施焊技术容易掌握；对工件上的铁锈、油等污物不敏感；焊接时产生的有害气体少	焊缝金属的力学性能差，塑性和韧性均低于碱性焊条形成的焊缝，抗裂纹性能不好	可用交流、直流焊接电源，适用于各种位置的焊接；适用于低碳钢和强度等级较低的普通低合金钢结构的焊接
碱性焊条	碱性氧化物和铁合金	合金元素很少氧化，焊缝金属合金化效果好；焊缝金属的塑性、韧性和抗裂性都比酸性焊条高	工艺性差，对锈、油及水分等较敏感。焊接时，工艺不当容易产生气孔；焊接时，产生较多的烟尘和有害气体	适用于合金钢和重要碳钢结构的焊接

为保证焊接质量,焊条(尤其是低氢型碱性焊条)在使用前必须烘干;碱性焊条烘干温度一般控制在350~400 ℃,保温1~2 h;酸性焊条烘干温度不能太高,一般控制在75~150 ℃,保温1~2 h。焊接重要产品时,每个焊工应配备一个焊条保温筒,施焊时,将烘干的焊条放入保温筒内。

5. 焊条电弧焊

焊条电弧焊即手工电弧焊,是最常用的一种焊接方法。焊条电弧焊可用于平焊、立焊、仰焊及横焊等多种位置的焊接,适用于各种金属不同厚度、不同结构(形状)的焊接。

(1)原理

如图6.7所示,焊条电弧焊是用手动的方式操作焊条,利用焊条与工件间产生的电弧热将金属熔化的焊接方法。焊接电弧释放出强烈的光和大量的热,局部熔化母材和填充金属,待冷却、凝固后形成固态金属,从而得到优质的焊缝。

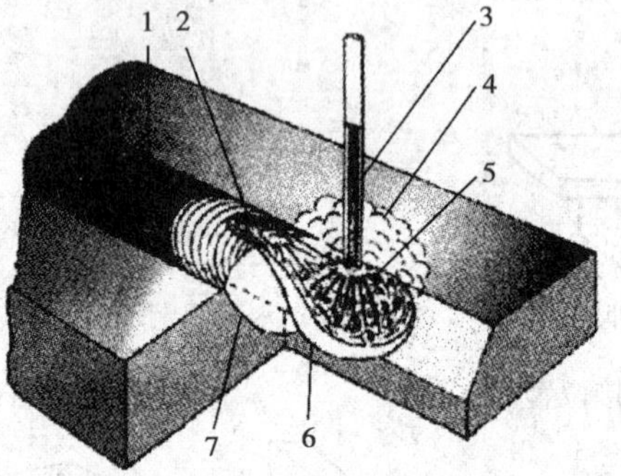

图6.7 焊条电弧焊工作原理图

1—固态熔渣;2—液态熔渣;3—焊条;4—生成的保护气体;
5—焊接电弧;6—液态焊缝金属;7—固态焊缝金属

(2)特点

焊条电弧焊具有工艺灵活、适应性强、焊接质量好、易于调整及简单方便等优点,适用于碳钢、低合金钢、耐热钢及不锈钢等各种材料的焊接。但焊条电弧焊是一种手工操作方法,存在劳动条件差、生产效率低、对焊工技术要求较高等缺点。

焊条电弧焊在造船、铁路、锅炉、压力容器、机械制造、建筑结构、化工设备及航空航天等制造或维修业中应用较广泛。

(3)设备和材料

1)电焊机

焊条电弧焊中较常用的电焊机有弧焊变压器(交流电焊机)和弧焊整流器(直流电焊机)两大类。其中,弧焊变压器具有结构简单、造价低、容易维护、使用可靠及效率高等优点,但其稳定性差;弧焊整流器的电弧稳定性好,但造价高。

焊接一般工件,使用稳弧性好的酸性焊条,可选用弧焊变压器;如果焊接重要工件,须使用碱性焊条,但因其稳弧性较差,故应选用弧焊整流器,最好是选用逆变式弧焊整流器。

2)焊接电缆

电焊机和电焊钳及焊条之间传输焊接电流的导线,称为焊接电缆。焊接电缆要有良好的导电性和绝缘性能,耐磨损;同时,电缆应轻便柔软,能任意弯曲或扭转,便于操作;焊接电缆与电焊钳、电缆接头等连接必须紧密可靠;连接焊机与焊钳必须使用软电缆线,长度一般不超过30 m。

焊接电缆使用时,要防止烫坏绝缘层,并且不可将电缆绕成圈状使用,以防产生感抗而影响焊接电流;停止焊接时,应将电缆收放妥当。

3)电焊钳

电焊钳是夹持焊条并把焊接电流传输至焊条进行电弧焊的工具。其规格按照电源的额定焊接电流大小选定。在使用中,电焊钳与电缆连接必须紧密牢固,保证导电良好,操作方便;同时,要防止电焊钳与焊件或焊接工作台之间短路。焊接工作中,要注意焊条尾端剩余长度不宜过短,防止电弧烧坏电焊钳;禁止将过热的电焊钳浸在水中冷却后立即使用。

(4)工艺参数

1)电源种类与极性

酸性焊条可采用交流和直流两种电源。一般优先选用交流电源。碱性焊条因电弧稳定性差,故须使用直流电源。若焊条药皮中含有较多稳弧剂的碱性焊条(如低氢钾型),也可使用交流电源。

采用直流电源时,焊件接电源正极,焊条接电源负极,这种接法称正接,也称正极性;焊件接负极,焊条接正极,称反接,也称反极性。酸性焊条使用直流电源时,通常采用正接,碱性焊条常采用反接。焊接厚钢板时,可采用正接;焊接薄板、铸铁或有色金属时,一般采用反接。

2)焊条直径

焊条直径的大小取决于被焊材料的厚度、焊接位置以及待焊接头的形式和焊道层次等因素。

被焊材料厚度越大,焊条直径越大。厚板对接接头的打底焊宜选用较细的焊条,焊条直径不宜超过3.2 mm;T形接头应比对接接头使用的焊条略粗;立焊最大直径不超过5 mm;横焊、仰焊直径不超过4 mm。

3)焊接电流

焊接电流是焊工在操作过程中唯一需要调节的参数。焊条直径越粗,焊接电流越大。平焊时,可选偏大的焊接电流;横焊、仰焊时,焊接电流应比平焊小5%～10%;立焊时,焊接电流应比平焊小10%～15%。碱性焊条使用的焊接电流比酸性焊条小10%左右;不锈钢焊条比碳钢焊条的焊接电流小20%左右。

焊接打底焊道时,尤其是单面焊双面成形时,通常使用略小的焊接电流,便于操作且易于保证背面焊道的质量;焊填充焊道时,为提高效率,通常使用较大的焊接电流;焊盖面焊道时,为防止咬边及保证美观的焊缝,应使用略小的焊接电流。

在实际操作中,可凭经验从以下两个方面来判断焊接电流大小是否合适:

①若电流过大,电弧吹力大,有较大颗粒的铁水(熔化的液态金属)向熔池外飞溅;焊接时易产生较大的爆裂声;焊缝熔敷金属低,熔深大,易产生咬边;焊条连续熔掉大半根之后,常出现剩余部分产生发红现象。

②若电流过小,焊缝熔敷金属窄而高,且两侧与母材结合不良;焊条熔化慢;电弧吹力小,熔渣与铁水不易分离;电弧燃烧不稳定,焊条易粘在焊件上。

4)焊接层次

焊接中、厚钢板时,须采用多层焊或多层多道焊,每层焊道厚度不大于5 mm。

5)电弧电压

焊条电弧焊时,电弧电压与弧长成正比。在保证焊缝尺寸、外形且焊透的情况下,尽可能用短弧焊接(弧长为焊条直径的0.5~1倍)。

6)焊接速度

焊接速度是指焊条沿焊接方向移动的速度。焊接速度过慢,热影响区加宽,晶粒粗大,焊缝变形也较大,易形成宽而局部过高的焊缝;焊接速度过快,易形成断续、细长的焊缝,造成未焊透、未熔合、焊缝成形不良等缺陷,如图6.8所示。

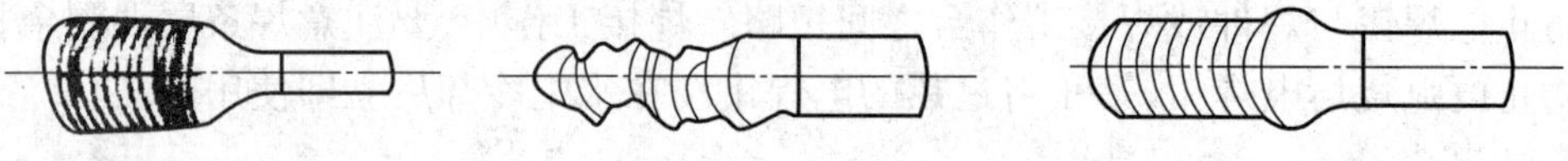

(a)焊速过慢　(b)焊速过快　(c)焊速适中

图6.8　焊接速度对焊缝成形的影响

(5)基本操作技术

焊条电弧焊最基本的操作包括引弧、运条和收弧。

1)引弧

在焊条和工件之间产生电弧。如图6.9所示,引弧有两种方法:碰击法和擦划法。

①碰击法。是将焊条在离工件一定距离处垂直落下碰击工件,发生短路,再迅速将焊条提起,从而产生电弧的方法。此种方法适用于各种位置的焊接。碰击法引弧较难掌握,焊条提起过快或过高,电弧易熄灭;动作太慢,焊条可能粘在工件上;焊条一旦粘在工件上,应迅速将焊条左右摆动,使之与工件分离;若仍不能分离时,应立即松开焊钳,切断电源,以免短路时间过长而损坏焊接电源。

②擦划法。是将焊条在坡口上划过,当端部接触时,发生短路,在尚未熔化前,将焊条提起,从而产生电弧的方法。此种方法虽然易于掌握,但若使用不当,易粘污坡口、擦伤焊接表面,影响焊接质量。为尽量减小焊件表面损伤,应在焊接坡口处擦划,擦划长度以20~25 mm为宜;在狭窄的地方焊接或焊接表面不允许有划伤时,应采用碰击法引弧。

2)运条

电弧引燃后,焊接过程中焊条沿焊接方向的运动,称为运条。

运条决定了焊缝质量的优劣、焊缝成形的好坏。运条由焊条的送进运动、横向摆动及沿焊缝移动3个基本运动合成,如图6.10所示。

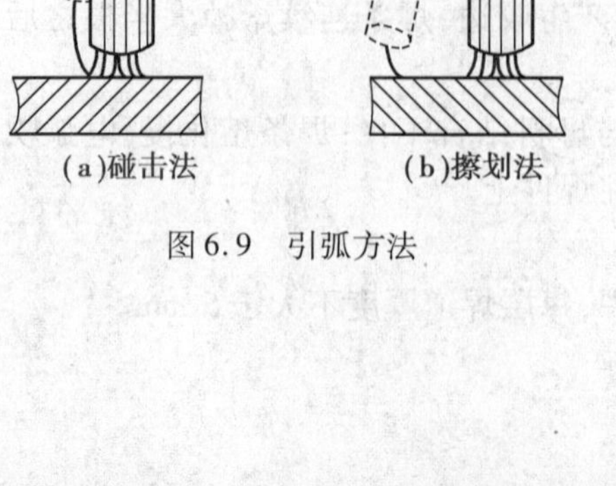

(a)碰击法　(b)擦划法

图6.9　引弧方法

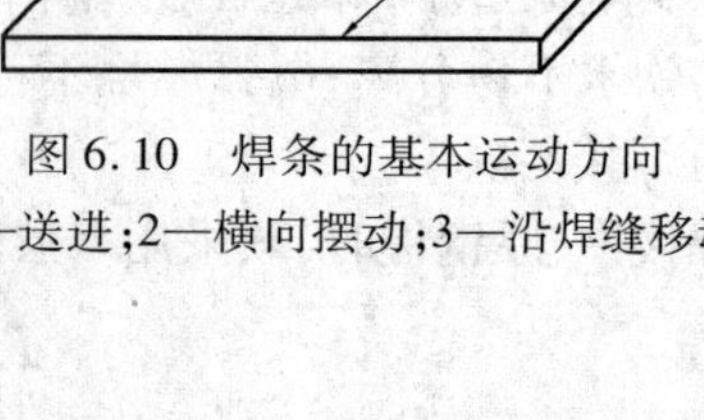

图6.10　焊条的基本运动方向

1—送进;2—横向摆动;3—沿焊缝移动

为保证一定的电弧长度,焊条的送进速度应与焊条的熔化速度相等,否则会引起电弧长度的变化,影响焊缝的熔宽和熔深。焊条的摆动及沿焊缝的移动这两个运动是紧密相关的,决定了焊缝的宽度、高度和熔深。

焊接操作中,常采用如图 6.11 所示的 8 种运条方法。

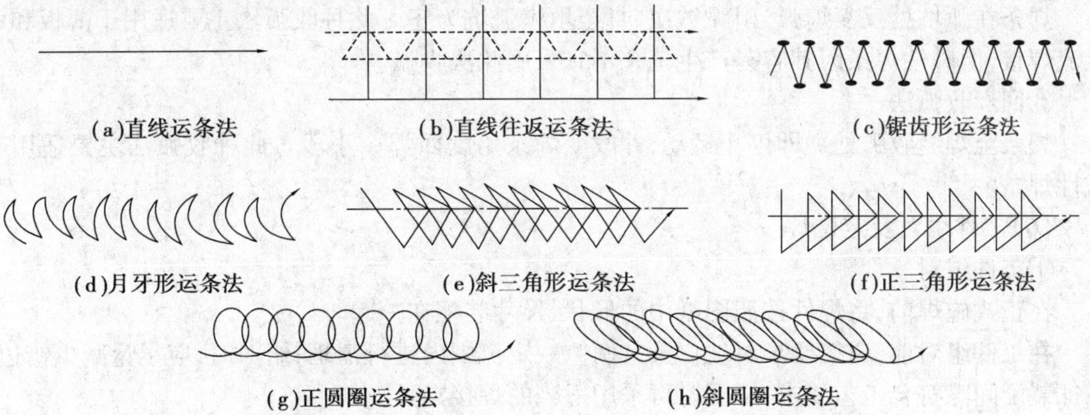

图 6.11　运条方法

①直线运条法。适用于板厚 3 ~ 5 mm 不开坡口的对接平焊、多层焊的第一层焊道和多层多道焊。

②直线往返运条法。主要适用于薄板焊接和接头间隙较大的焊缝。

③锯齿形运条法。操作容易、应用较广,多用于较厚钢板的焊接,适用于平焊、立焊、仰焊的对接接头及立焊的角接接头。

④月牙形运条法。适用于仰焊、立焊、平焊位置及要求焊缝较饱满的地方。

⑤三角形运条法。又分为正三角形运条法和斜三角形运条法两种。适用于焊接 T 形接头的仰焊缝和有坡口的横焊缝。

⑥圆圈形运条法。又分为正圆圈运条法和斜圆圈运条法两种。正圆圈运条法只适用于焊接较厚工件的平焊缝,其优点是能使熔化金属有足够高的温度,有利于气体从熔池中逸出,可防止焊缝中产生气孔;斜圆圈运条法适用于 T 形接头的横焊和仰焊及对接接头的横焊缝,其优点是可控制熔化金属不受重力影响,能防止液态金属下淌,有助于焊缝成形。

3)收弧

电弧中断或焊接结束时,需要进行收弧。

焊缝完成时的收弧动作不仅是熄灭电弧,更重要的是填满弧坑。收弧动作常采用如图 6.12所示的 3 种收弧方法。

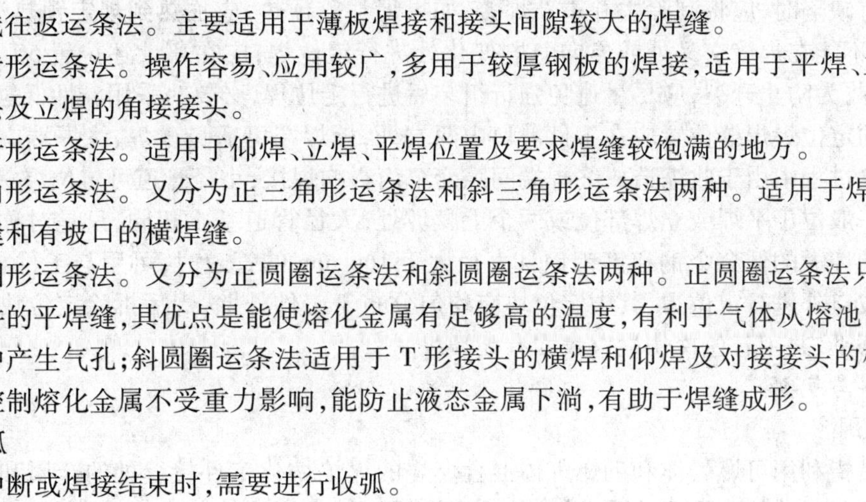

图 6.12　收弧方法

①划圈收弧法

焊条移至焊缝终点时，作圆圈运动，直至填满弧坑再拉断电弧。此种收弧法主要适用于厚钢板焊接的收弧。

②反复断弧收弧法

焊条在弧坑处反复熄弧、引弧数次，直至填满弧坑为止。此种收弧法主要适用于薄板和大电流焊接，但碱性焊条因其容易产生气孔不宜采用此法收弧。

③回焊收弧法

焊条至焊缝收弧处立即停止运动，并改变焊条角度回焊一小段。此种收弧法主要适用于碱性焊条。

(6)工件组对及定位焊

①工件组对

在正式施焊前，将焊件按照图纸中的形状、尺寸装配在一起。

在工件组对前，应按要求对坡口及其两侧一定范围内进行清理；组对时，应尽量减少错边，保证装配间隙符合工艺要求，必要时可采用适当的焊接夹具。

②定位焊

正式焊接前为了装配和固定焊接接头的位置而进行的焊接，称为定位焊。

定位焊时，容易产生未焊透的缺陷，故焊接电流应比正式焊接时高 10% ~15%。当发现定位焊缝有缺陷时，应将其除去并重新焊接；如果焊件需预热，应加热到规定预热温度后再进行定位焊；不能在焊缝交叉处或方向急剧变化处进行定位焊，应在离上述位置 50 mm 左右处进行定位焊；为防止开裂，应尽量避免强行组装后进行定位焊，必要时采用碱性低氢型焊条。

板材的定位焊焊缝位置应在工件坡口内两端处，始焊端可适量少焊，终焊端应适量多焊，防止在焊接过程中由于收缩造成终焊端间隙变窄而影响焊接；小径管道可定位焊一处或两处，定位焊缝一般位于平焊或立焊部位或两个上爬坡处；大径管道基本相同，只是对称多焊几处；当焊接淬硬性大的低合金钢和铬钼钢且直径大于 166 mm 的管道时，可用与工件材质相同的定位块在坡口外进行定位焊，其中定位块应均匀分布于工件外壁，焊后拆除定位块以后，应将定位焊处磨平，并用着色探伤检查表面有无裂纹。

6. 气焊与气割

(1)气焊

气焊是指利用可燃气体和助燃气体混合燃烧的火焰熔化工件接缝处的金属和熔丝，使熔化金属形成熔池，冷却凝固后形成焊缝，达到金属之间牢固连接的方法。气焊主要用于薄钢板、低熔点材料(有色金属及其合金)、铸铁、硬质合金刀具等的焊接。气焊中使用的可燃气体常用的有乙炔、液化石油气和氢气；助燃气体是氧气。

气焊具有设备简单、操作方便、实用性强等优点，在无电力供应的地区可很方便地进行焊接，在设备制造与维修中得到广泛的应用。但气焊的热量分散，热影响区及变形大，生产率低，不适合焊接难熔金属及“活泼”金属，难以实现自动化。

(2)气割

气割是指利用可燃气体和助燃气体混合燃烧的火焰热能将工件预热到一定温度后，喷出高速切割氧气流，使金属剧烈氧化并释放出热量，利用切割氧气流把熔化状态的金属氧化物吹掉，从而实现金属分离的方法。气割的实质是金属在纯氧中的燃烧过程，而不是熔化过程。气割广泛应用在各种碳钢和低合金钢的钢板下料、开焊接坡口及铸件浇冒口等领域,切割厚度可达300 mm以上。但铜、铝、不锈钢及铸铁等材料不能用氧-乙炔焰切割。

气割具有效率高、成本低、设备简单等优点,并能在各种位置进行切割及在钢板上切割各种外形复杂的零件,但气割的尺寸精度低。

(3)气焊与气割的设备、工具

主要设备与工具如图6.13所示。

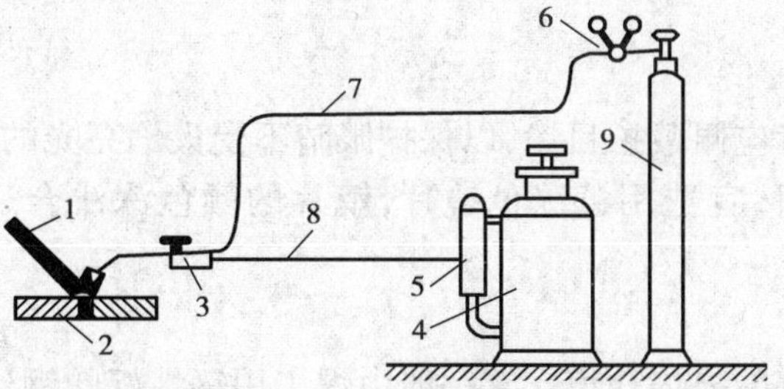

图6.13　气焊与气割示意图

1—焊丝;2—焊件;3—焊炬;4—乙炔瓶;5—回火防止器;

6—氧气减压器;7—氧气橡皮管;8—乙炔橡皮管;9—氧气瓶

1)氧气瓶

氧气瓶是储存和运输氧气的专用高压容器。

氧气瓶的颜色为天蓝色,在使用前应稍打开瓶阀,吹出瓶阀上黏附的细屑或脏污后立即关闭,再接上减压表才能使用。开启瓶阀时,操作者应站在气体喷出方向的侧面并缓慢开启,避免氧气流朝向人体、易燃气体或火源喷出;严禁用粘有油脂的手套、棉纱和工具等同氧气瓶、瓶阀、减压器及管路等接触;禁止用滚动方式搬运氧气瓶。

2)乙炔瓶

乙炔瓶是储存和运输乙炔气体的压力容器。

乙炔瓶的颜色为白色,并印有"乙炔气瓶""不可近火"等红色字样。乙炔瓶在使用时必须垂直放置,温度应控制在40 ℃以下;严禁剧烈振动或撞击气瓶。乙炔是一种危险的易燃易爆气体,在使用中必须严格遵守安全操作规程。

3)焊炬与割炬

焊炬与割炬是使氧气与乙炔按一定比例混合燃烧而形成稳定火焰的工具。按可燃气体与助燃气体混合方式的不同,可分为射吸式和等压式两大类。其中,射吸式中乙炔的流动是靠氧气的吸力来实现的。

焊工在使用焊炬、割炬前应检查焊炬、割炬的射吸能力、气密性等技术性能及其气路通畅情况,禁止用焊炬、割炬的端头与平面摩擦的方法来清除嘴头堵塞物。

4)减压器

减压器是将气体从高压降为正常工作压力的调节装置。

在使用中,禁止在焊接或切割设备上使用未经检验合格的减压器;禁止用棉、麻绳或一般橡胶等易燃物料作为氧气减压器的密封装置;禁止在减压器上挂放任何物件,如焊炬、电焊钳、胶管及电缆等。

减压器卸压的顺序是首先关闭气瓶的瓶阀,然后放出减压器内的全部余气,最后放松压力调节杆使表针转到“0”位。

5)橡胶管

橡胶管是输送气体的装置。它分为氧气胶管和乙炔胶管。

氧气胶管与乙炔胶管不能相互混用,也不能用其他胶管代替。焊接、切割工作前,应吹净胶管内残存的气体,并检查胶管有无磨损、扎伤、刺孔、老化、裂纹等情况,如有则应及时修理或更换。

6)护目镜

气焊、气割时,操作者应佩戴护目镜,以保护眼睛不受火焰亮光的刺激,防止飞溅金属伤害眼睛。在焊接一般材料时,宜选用黄绿色镜片,镜片的颜色深浅合适,根据光度强弱可选用3—7号遮光玻璃。

7)通针

通针用于清理被堵塞的火焰孔道。它一般由焊工用钢性好的钢丝或黄铜丝自制。

(4)气焊材料

1)焊丝

焊丝是焊接时起填充作用的金属丝。其化学成分直接影响焊缝质量。焊接低碳钢时,常用焊丝牌号有 H08A,H08MnA 等,其直径一般为 2 ~ 4 mm。除此以外,还有低合金钢焊丝、不锈钢焊丝、铸铁焊丝、铜及铜合金焊丝、铝及铝合金焊丝等。这些焊丝均有相应的国家标准,选用时可按焊件成分查表选择。

焊丝使用前,应清除表面上的油、锈等污物,不允许使用不明牌号的焊丝进行焊接。

2)熔剂

熔剂在焊接时的作用是保护熔池、减少有害气体浸入、去除熔池形成的氧化物杂质、增加熔池金属的流动性。一般低碳钢气焊不必用熔剂,但在焊接有色金属、铸铁和不锈钢等材料时,必须采用气焊熔剂。

7. 气焊操作技术

(1)气焊工艺参数

根据工件材料、大小、厚薄、形状及焊接位置,选用不同的气焊参数,如焊丝直径、火焰种类、火焰能率、焊嘴与工件间的倾斜角度及焊接速度等。

1)焊丝直径

焊丝直径应根据工件的厚度来选择。若焊丝直径过细,则焊丝熔化太快,熔滴滴在焊缝上,容易造成熔合不良、焊波高低不平,影响焊接质量;若焊丝过粗,为了熔化焊丝,则需延长加热时间,导致热影响区增大,容易产生过热组织,降低接头质量。以碳钢气焊为例,采用的焊丝直径可参考表 6.2。

表 6.2　工件厚度与焊丝直径的关系/mm

工件厚度	1.0 ~ 2.0	2.0 ~ 3.0	3.0 ~ 5.0	5.0 ~ 10.0	10.0 ~ 15.0
焊丝直径	1.0 ~ 2.0 或不用焊丝	2.0 ~ 3.0	3.0 ~ 4.0	3.0 ~ 5.0	4.0 ~ 6.0

2)火焰种类的选择

气焊火焰是用来对焊件和焊丝进行加热熔化的热源。其中,氧-乙炔火焰根据混合比的不同,可分为中性焰、碳化焰和氧化焰3种,如图6.14所示。氧-乙炔火焰种类的选择见表6.3。

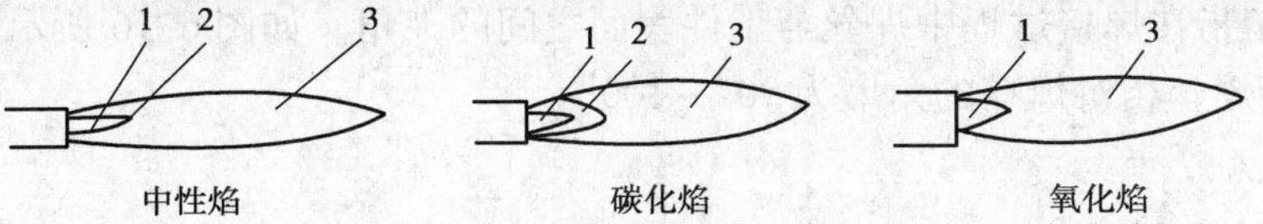

图6.14 氧-乙炔火焰的结构和形状
1—焰心;2—内焰;3—外焰

表6.3 氧-乙炔火焰的种类及特点

火焰种类	火焰形状	氧-乙炔比例	特点	火焰温度/℃
碳化焰	整个火焰长而软,焰心较长,呈白色,外围略带蓝色,内焰呈蓝色,外焰呈橙黄色;乙炔过多时会冒黑烟	<1	乙炔过剩,火焰中有游离状态的碳及过多的氢,焊接时会增加焊缝含氢量;焊接低碳钢会有渗碳现象;适用于高碳钢、铸铁及硬质合金堆焊	2 700~3 000
中性焰	焰心为尖锥形,呈明亮白色,轮廓清楚,内焰呈蓝白色,外焰与内焰无明显的界线,从里向外,由淡紫色变为橙黄色	1~1.2	氧与乙炔充分燃烧,没有过剩的氧或乙炔,内焰具有一定的还原性,适用于一般低碳钢、低合金钢和有色金属	3 050~3 150
氧化焰	焰心短而尖,内焰和外焰没有明显的界线,由焰心和外焰两部分组成;外焰较短,呈蓝紫色,火焰笔直有劲,并伴有"嘶、嘶"声	>1.2	火焰有过剩的氧并具有氧化性,焊钢件时焊缝易产生气孔和变脆,一般只适用于焊接黄铜、锰钢及镀锌铁皮	3 100~3 300

3)火焰能率的选择

火焰能率以每小时混合气体的消耗量(L/h)表示。根据工件的厚度、材料的性质(熔点及导热性等)、焊炬型号、焊嘴孔径,以及焊件的空间位置来选择火焰能率的大小。焊接厚度较大、熔点较高、导热性好的工件,要选用较大的火焰能率才能将母材焊透;若焊接小件、薄件,或立焊、仰焊等,火焰能率应适当减小,以防止焊缝组织过热。

4)焊嘴倾角

焊嘴倾角是指焊嘴与焊件之间的夹角。焊嘴倾角大,则火焰集中、热量损失小、工件受热量大、升温快,可焊接较厚的工件,如图6.15所示。

在焊接过程中,应视具体情况灵活地改变焊嘴倾角。开始焊接时,工件尚未被加热而温度较低,为使工件充分受热而尽快形成熔池,可采用较大的焊接倾角;待熔池形成后,焊嘴应迅速改变为正常倾角;焊接将结束时,工件一直处于受热状态而温度较高,为了填满熔池及防止焊缝端部过热,需要将焊嘴适当抬高,同时逐渐减小倾角。

5)焊丝倾角

焊丝倾是角指在焊接过程中焊丝与工件表面之间的夹角。如图 6.16 所示,一般焊丝倾角为 30° ~40°,而焊丝相对焊嘴的角度为 90° ~100°。

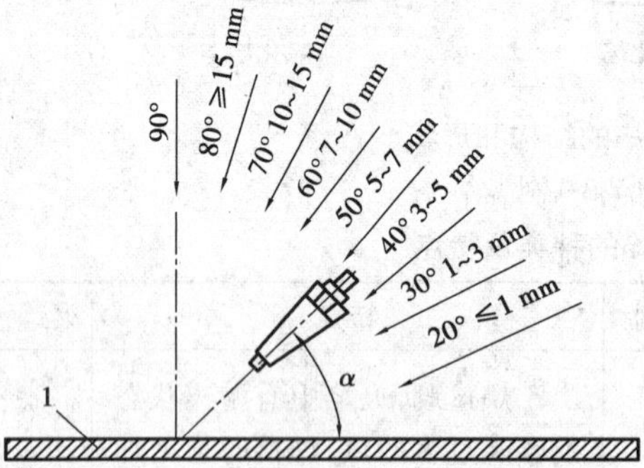

图 6.15　焊嘴倾角与工件厚度的关系
1—焊件

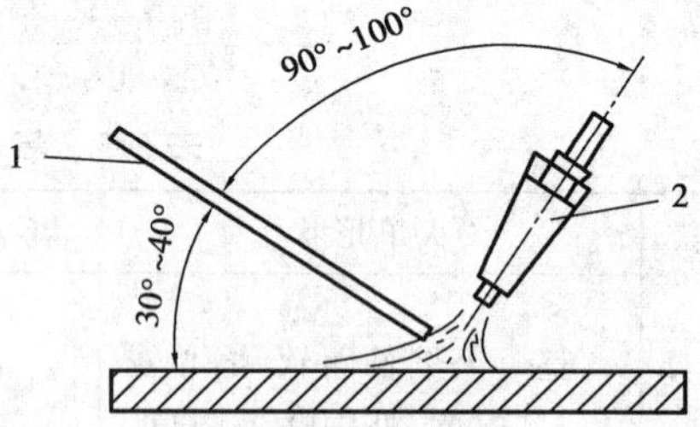

图 6.16　焊丝倾角
1—焊丝;2—焊嘴

6)焊接速度

焊接速度是操作者根据自己的熟练程度来掌握的,在保证质量的前提下,应尽量提高焊接速度,以提高生产率。

(2)气焊的基本操作技术

1)左焊法与右焊法

如图 6.17 所示,气焊操作可分为左焊法和右焊法两种。

①右焊法

右焊法是指焊丝与焊炬从焊缝的左端向右端移动,焊丝在焊炬后面,火焰指向金属已焊部分,如图 6.17(a)所示。右焊法的特点是在焊接过程中火焰始终笼罩着已焊的焊缝金属,有助于改善焊缝的金属组织,减少气孔夹渣的产生。除此之外,右焊法还有热量集中、熔透深度大等优点,适合焊接厚度较大、熔点较高的工件。其缺点是这种方法较难掌握。

②左焊法

左焊法是指焊丝与焊炬从焊缝的右端向左端移动,焊丝在焊炬的前面,火焰指向焊件金属的待焊部分,如图 6.17(b)所示。左焊法操作简单方便、易于掌握,适用于焊接较薄及熔点较低的工件,在实际应用中较常采用此种气焊方法。

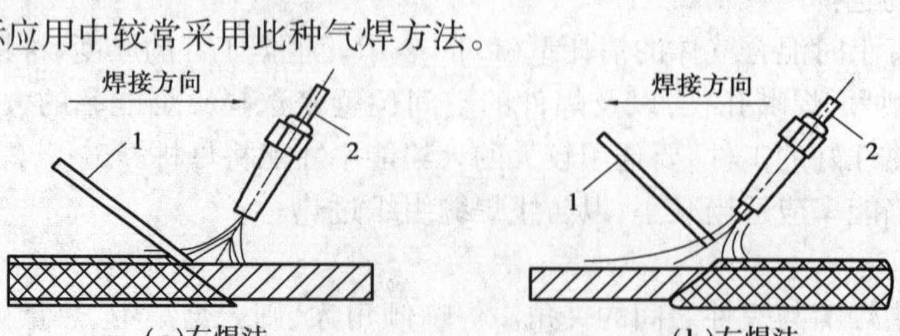

图 6.17　气焊方法
1—焊丝;2—焊炬

2)焊炬和焊丝的摆动

在焊接过程中,为了获得优质而美观的焊缝,焊炬与焊丝应作均匀协调的摆动。通过摆动,既能使焊缝金属熔透、熔匀,又避免了焊缝金属的过热和过烧。在焊接某些有色金属时,还要不断地用焊丝搅动熔池,以促使熔池中的各种氧化物及气体即时排出。焊炬与焊丝的摆动方法和幅度与焊件的厚度、材料、空间位置及焊缝尺寸有关。

焊炬的摆动有3种基本动作:沿焊缝向前移动、沿焊缝作横向摆动(或圆周摆动)和上下跳动。其中,上下跳动是指焊丝末端在高温区和低温区往复跳动,以调节熔池的热量,但要求均匀、协调,否则易造成焊缝高低不平、宽窄不一等现象。

如图6.18所示,平焊时焊炬与焊丝常见的摆动方法。其中,图6.18(a)、(b)、(c)适用于各种材料较厚、大工件的焊接与堆焊;图6.18(d)适用于各种工件的焊接。

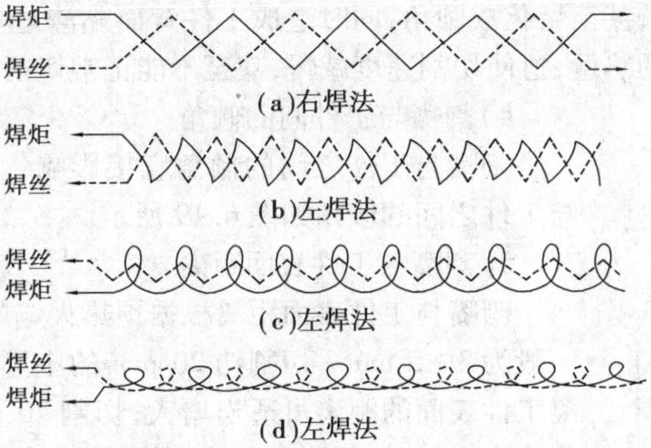

图6.18　焊炬和焊丝摆动方法

3)焊缝的起焊、接头与收尾

起焊时,因焊件温度低,故焊嘴倾角应尽量大;对起焊处的一定范围进行预热,同时火焰应作往复运动,使起焊处加热均匀,再集中到一点加热;待起焊处形成白亮的熔池时,才开始加焊丝,进入正常焊接状态。

在焊接过程中,当中途停顿后再继续施焊时,应用火焰把原熔池重新加热至熔化,形成新的熔池后再加焊丝重新开始焊接。接头时,与前焊道要重叠5~10 mm,重叠焊道要少加或不加焊丝,以保证焊缝高度合适及圆滑过渡。

当焊接至焊缝的终点时,因端部散热条件差,焊体本身温度较高,故应减小焊炬与焊件的倾角,同时加快焊接速度并适量增加焊丝,以防止焊件被烧穿;待终点熔池填满后,火焰才可慢慢离开熔池。

8. 气割操作技术

(1)气割工艺参数

氧气切割工艺参数主要包括切割氧压力、气割速度、预热火焰能率、割嘴与割件间的倾角及割嘴离割件表面的距离等。

1)切割氧压力

气割时,氧气的压力与割件的厚度、割嘴规格及氧气纯度等因素有关。割件越厚,要求氧气的压力越大。实际切割时,根据割件厚度选择割嘴号码及氧气压力。随着割件厚度增加,应选择较大的割嘴规格,使用的氧气压力也应相应增大。但氧气的压力有一定的范围,压力过大,不仅造成浪费，而且会对割件产生强烈的冷却作用，使割缝表面粗糙，割缝加大，切割速度反而减慢；压力过低，会使气割过程氧化反应减慢，同时在割缝背面形成黏渣，甚至不能将割件割穿。

2）切割速度

切割速度与工件厚度及割嘴形式有关。工件越厚，切割速度越慢。若切割速度太慢，会使割缝边缘熔化；若切割速度太快，会产生很大的后拖量或割不穿。

3）预热火焰能率

预热火焰的作用是把金属割件加热，使钢材表面上的氧化皮剥落、熔化，便于切割。预热火焰对低碳钢加热温度为 1 100 ~ 1 150 ℃。气割时，预热火焰均采用中性焰或轻微的氧化焰。因为碳化焰中含有剩余的碳，易使割件的切割边缘增碳。

预热火焰能率与工件厚度有关。工件越厚，火焰能率应越大。但火焰能率过大，易使割缝上缘产生连续珠状钢粒，甚至熔化成圆角，同时造成工件背面黏渣过多而影响质量；火焰能率过小，工件得不到足够的热量，迫使切割速度减慢，甚至不能正常切割。

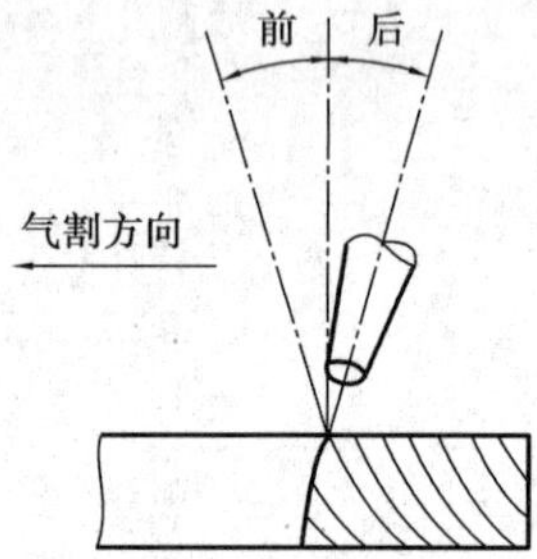

图 6.19　割嘴与工件间的倾角

4）割嘴与工件间的倾角

割嘴与工件之间的倾角直接影响气割速度和后拖量。割嘴与工件之间的倾角如图 6.19 所示。

5）割嘴与工件表面距离

割嘴与工件表面距离根据预热火焰的长度及工件厚度而定，一般为 3 ~ 5 mm。切割约 20 mm 的中厚钢板时，火焰要长，割嘴离工件表面的距离可适当增大；切割 20 mm 以上厚钢板时，因切割速度慢，故为了防止割缝上缘熔化，火焰要短，割嘴离工件表面的距离可适当减小。

（2）基本操作技术

气割的基本过程包括预热、燃烧和吹渣 3 个阶段。由于薄板气割时变形较大，容易产生过热现象，难度较大，因此，在金工实训中使用较少。这里以中厚板切割为例来介绍气割的基本操作技术。

1）准备工作

板厚 10 ~ 20 mm 的中等厚度碳钢板，选用 01-30 型割炬、2 号环形割嘴。

切割前，清理钢板切割位置附件的表面油污、铁锈等污物，并把钢板放在割件架上或垫高到与地面保持一定距离。禁止在离水泥地面很近的位置切割，以免水泥爆溅伤人。

2）操作要领

①点火并调节火焰

点火时，先逆时针方向旋开乙炔瓶阀门，再逆时针微开氧气阀，将割嘴靠近火源点火。

点火后，将火焰调节为中性焰或轻微氧化焰；调好火焰后，打开割炬上的切割氧开关，并逐步增大氧气流量，观察切割氧气流的形状，直至出现风线形状的氧气流；风线为笔直而清晰的圆柱体，并有适当的长度；若风线形状不规则，应关闭所有阀门，用通针修整切割氧喷嘴或割嘴的喷射孔。

预热火焰和风线调好后，关闭切割氧开关，准备起割。

②起割

切割操作时，双脚呈外八字形蹲在工件的一旁，右臂靠住右膝盖，左臂悬空在两脚中间，以便移动焊炬。右手握住割炬手柄,并用右手拇指和食指控制预热氧的阀门,调整预热火焰。左手的拇指和食指控制开关切割氧的阀门,同时起掌握方向的作用;其余三指平稳地托住混合气管。上身不要弯得太低,呼吸要有节奏,眼睛应注视割线、工件和割嘴。

起割方向按照从右向左切割。开始切割时,先预热钢板的边缘,待边缘呈现亮红色时,将火焰局部移出边缘线以外,同时,慢慢打开切割氧气阀门;当看到被预热的红点在氧气流中被吹掉时,进一步开大切割氧阀门;看到割件背面飞出鲜红的氧化金属渣时,表明割件已被割透,移动割炬逐渐向前切割。

③正常切割

起割后,为保证割缝的质量,移动割炬的速度要均匀,割嘴至割件表面的距离保持一致。若身体需要更换位置,应先关闭切割氧阀门,待身体位置调整好后,再将割嘴对准割缝待割处,适当加热,再慢慢打开切割氧阀门继续切割。

在切割过程中,有时会因割嘴过热或氧化金属渣的飞溅,导致割嘴被堵塞,或在乙炔喷出速度小于燃烧速度时,出现鸣爆或回火现象。此时,必须立即关闭预热氧及切割氧阀门,及时切断氧气,防止氧气倒流进乙炔管内。如果仍然听到割炬内有"嘶、嘶"声,说明火焰没有熄灭,还要重新检查割炬的射吸能力,然后才能重新点燃割炬。

④停割

切割接近终点时,割嘴应向切割前进的反方向倾斜一定角度,以利于钢板的下部提前割透,使收尾的割缝较整齐。切割到终点时,迅速关闭切割氧气的阀门并将割炬抬起,再关闭乙炔阀门,松开减压器调节螺钉,并将氧气带中的氧气放出;结束工作时,应将减压器卸下并关闭乙炔阀门。

9. CO_2 气体保护焊

(1)基本原理

CO_2 气体保护焊是利用 CO_2 作为保护气体的一种熔化电极气体保护焊焊接方法,简称 CO_2 焊。

如图 6.20 所示,从喷嘴中喷出的 CO_2 气体在电弧区形成有效的保护层,防止空气进入熔池;熔化电极(焊丝)通过送丝滚轮不断地送进,与工件之间产生电弧;焊丝与工件熔化成液体熔池,随着焊枪的移动,焊池凝固形成焊缝。

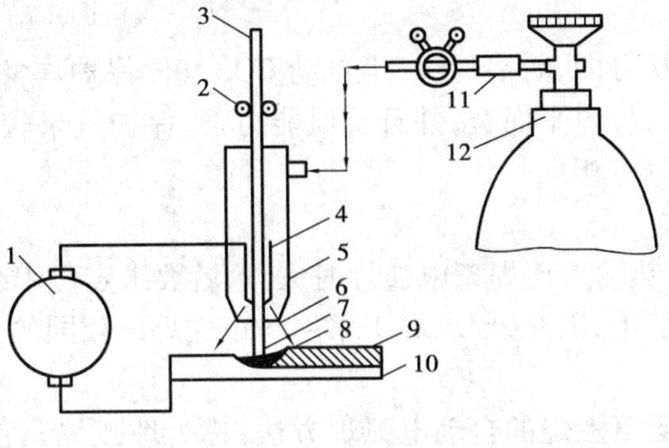

图 6.20　CO_2 气体保护焊

1—焊接电源;2—送丝滚轮;3—焊丝;4—导电嘴;5—喷嘴;6—CO_2 气体;7—电弧;8—熔池;9—焊缝;10—焊件;11—预热干燥器;12—CO_2 气瓶

CO_2 焊操作简便、生产率高、焊缝质量高、成本低、焊接变形及应力小。其主要缺陷是表面成形较差，容易氧化，飞溅较大。目前，CO_2 焊主要用于低碳钢、低合金钢的焊接，在机械、汽车、石油化工、冶金、造船、航空航天等领域得到较广泛的应用。

(2)基本操作技术

1)焊枪的摆动方式及应用范围

为了保证焊缝的宽度和两侧坡口的熔合，CO_2 焊中焊枪应根据不同的接头类型及焊接位置作横向摆动。为减少输入能量，减少热影响区，减少变形，避免采用大的横向摆动以获得宽焊缝，推荐采用多层多道焊来焊接厚板。当坡口小时，可采用较小的锯齿形横向摆动；反之，坡口大时，可采用弯月形的横向摆动，如图 6.21、图 6.22 所示。

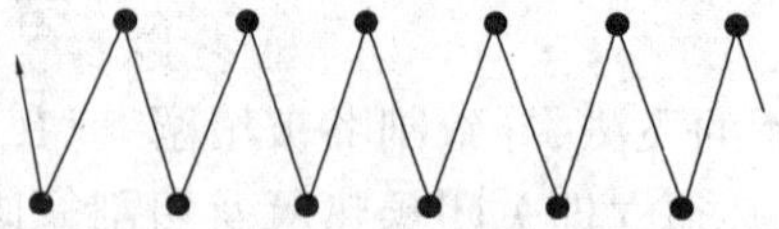

图 6.21　锯齿形的横向摆动
（两侧停留 0.5 s 左右）

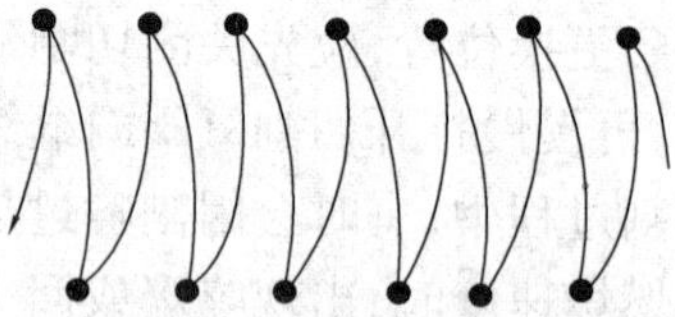

图 6.22　弯月形的横向摆动
（两侧停留 0.5 s 左右）

2)引弧及收弧技术

半自动 CO_2 气体保护焊常采用短路引弧法。引弧前，因焊丝端头常有较大的球形直径，容易产生飞溅，造成缺陷，故需要将焊丝端头剪去（成锐角形）；引弧时，按下焊枪开关开始送气、送丝，直至焊丝与工件表面短路起弧。此时，由于焊丝与工件接触而产生反弹力，因此，焊工应紧握焊枪，避免焊枪因冲击而回弹，同时保持焊丝与工件表面的距离不变，这是防止引弧时产生缺陷的关键。

重要产品焊接时，为消除在引弧时产生飞溅、烧穿、气孔及未焊透等缺陷，可采用引弧板；若不采用引弧板，直接在焊件端部引弧时，可在离焊缝端部 20 mm 左右处引弧后，立即快速返回起始点开始焊接。

焊接结束时，若收弧不当，容易产生弧坑，并出现弧坑裂纹、气孔等缺陷。收弧时，在弧坑已填满且电弧已熄灭的情况下，必须让焊枪在弧坑处停留几秒钟后才能移开，应注意克服将焊枪向上抬起的习惯性动作。

3)左焊法和右焊法

左焊法容易观察焊接方向，看清焊缝，半自动 CO_2 气体保护焊常采用左焊法；电弧不直接作用于母材上，熔深较浅，焊道平而宽，并且抗风能力强，保护效果较好，特别适用于焊接速度较大时。右焊法的特点刚好相反。

4)定位焊

CO_2 气体保护焊时，热输入比焊条电弧焊时大，这就要求定位焊缝有足够的强度；同时，由于定位焊缝将保留在焊缝中，因此，要求焊工采用与正式焊缝相同的工艺，并且不能有缺陷。

10. 埋弧焊

电弧在颗粒状焊剂层下燃烧的自动电弧焊方法，称为埋弧焊。它是仅次于焊条电弧焊应用最广泛的一种焊接方法。因是自动焊接，焊接工人接触较少，故这里仅作简单介绍。

埋弧焊焊缝形成过程如图 6.23 所示。焊接时，在焊接部位覆盖一层焊剂；电弧的热量使焊丝末端周围的焊剂熔化，形成液态熔渣，部分焊剂分解蒸发成气体；气体排开熔渣，使熔渣在电弧周围形成一个封闭的空腔，从而使电弧与外界空气隔绝；电弧在空腔内稳定燃烧，焊丝与焊件不断熔化、混合，形成焊接熔池；电弧向前移动，焊接熔池随之冷却、凝固，形成焊缝；液态熔渣冷却后形成渣壳，去除渣壳后即可得到一个具有良好力学性能、外表光滑平整的焊缝。

与焊条电弧焊相比，埋弧焊具有效率高、焊接接头质量好、节约焊接材料和电能、劳动强度低等优点；但埋弧焊焊接设备较复杂，且只适用于平焊位置，同时容易出现气孔、过热、易氧化等问题，因此，埋弧焊只适用于厚度为 5 mm 以上的低碳钢、低合金钢、调质钢、镍合金等材料的长直焊缝的焊接。埋弧焊在造船、锅炉、超重机械及冶金、化工等设备制造中应用较广泛。

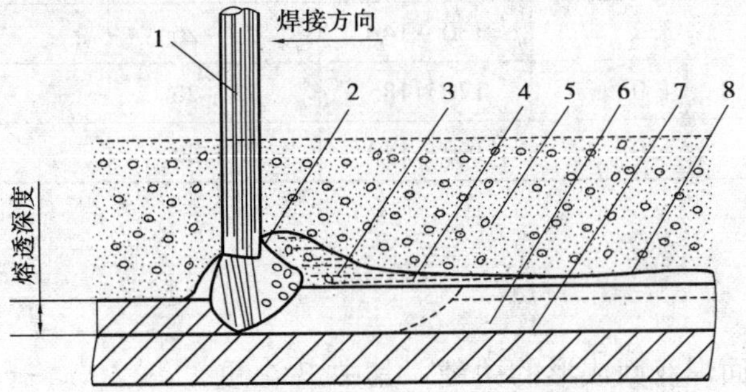

图 6.23　埋弧焊示意图

1—焊丝；2—电弧；3—熔池金属；4—熔渣；5—焊剂；
6—焊缝；7—焊件；8—渣壳

三、实训项目

实训一：低碳钢板对接平焊

1. 焊接要求

焊接要求如图 6.24 所示。

工件材质：Q235。

工件及坡口尺寸：300 mm×200 mm×12 mm。

焊接位置：平焊。

焊接要求：单面焊、双面成形。

焊接材料：E4303，ϕ3.2 mm/ϕ4.0 mm。

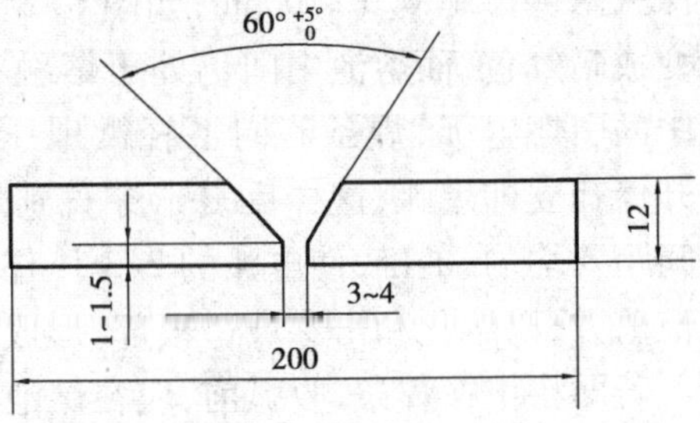

图 6.24　工件及坡口尺寸

2. 焊前准备

①选用 BX3-300 型弧焊变压器。

②检查焊机各处的接线是否正确、牢固，并按要求调试好焊接参数。

③检查焊条质量，并严格按照规定的温度和时间进行烘干，再放在保温箱内随取随用。

④清理坡口及其两侧 20 mm 范围内的铁锈、油污、氧化物等，使其露出金属光泽。

⑤备好工作服、焊工手套、面罩、护脚盖、锉刀、角向磨光机、钢丝刷等。

3. 工件装配

装配间隙：始焊端 3 mm，终焊端 4 mm。

预置反变形量：3°～4°。

错边量：≤1 mm。

定位焊:采用与工件焊接相同的焊条进行定位焊,并在工件坡口内两端点焊,焊点长度为10～15 mm,并将焊点接头端打磨成斜坡状。

4. 焊接工艺参数

焊接工艺参数见表6.4。

表6.4 焊接工艺参数

焊接层次	焊条直径/mm	焊接电流/A	焊接电压/V	焊接速度/(mm·min^{-1})
打底层	3.2	110～120	23～26	30～40
填充层(1)	3.2	130～140	23～26	30～40
填充层(2)	4.0	170～185	23～26	65～75
盖面层	4.0	160～170	23～26	65～75

5. 操作要领

(1)底焊

底层的焊接是单面焊双面成形的关键。其中,3 个重要的环节是引弧、收弧和接头。焊条与焊接前进方向的角度为40°～50°,选用断弧焊一点击穿法。

在始焊端的定位焊处引弧,并略抬高电弧,稍作预热。当焊至定位焊缝尾部时,将焊条向下压一下,直至听到"噗"的一声后,立即熄弧。此时,熔池前端应有熔孔,且深入两侧母材0.5～1 mm,如图6.25所示。当熔池边缘变成暗红色,而熔池中间仍处于熔融状态时,立即在熔池中间引燃电弧,焊条略向下轻微地压一下,形成熔池;打开熔孔立即熄弧,这样反复击穿直到焊完。焊接时,运条间距要均匀、准确,使电弧的2/3压住熔池,1/3作用在熔池前方,以熔化和击穿坡口根部,形成熔池。

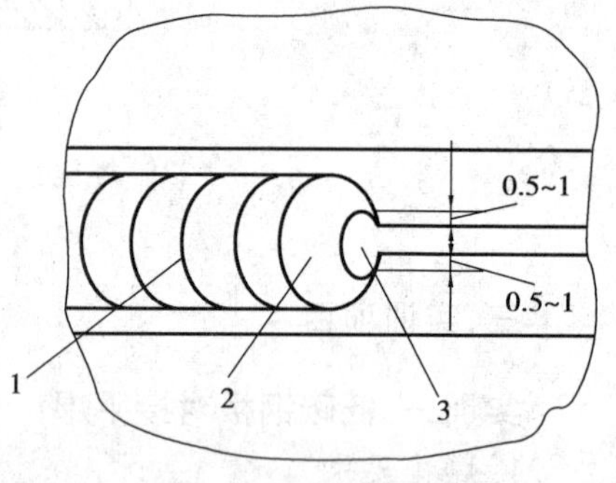

图6.25 熔孔示意图
1—焊缝;2—熔池;3—熔孔

若即将更换焊条,收弧前,应在熔池前方形成熔孔,然后回焊10 mm左右,再熄弧;或向末尾熔池的根部送进2～3滴铁水,然后熄弧,更换焊条,使熔池缓慢冷却,避免接头出现冷缩孔。接头时,换焊条的速度要快。在收弧熔池还没有完全冷却时,立即在熔池后10～15 mm处引弧;当电弧移至收弧熔池边缘时,将焊条向下压,直至听到击穿声,稍作停顿,然后熄弧;紧接着给两滴铁水,以保证接头过渡平整;最后恢复正常焊接操作。

(2)填充焊

填充焊前,应将打底层焊缝的熔渣彻底清理干净。填充焊的运条方向为月牙形或锯齿形,焊条与焊接前进方向角度为40°～50°。

(3)盖面焊

盖面层施焊的焊条角度、运条方法和接头方法与填充层相同。但应注意的是,盖面层施焊时焊条摆动的幅度要比填充层大。摆动时,摆动幅度应一致,并且运条速度均匀;同时,注意观察坡口两侧的熔化情况,施焊时,在坡口两侧稍作停顿,使焊缝两侧熔合良好,避免产生咬边,以得到优良的盖面焊缝。

实训二:低碳钢板 T 形接头平焊

1. 焊接要求

工件材料:Q235。

工件尺寸:150 mm×80 mm×12 mm。

焊接位置:平焊。

焊接材料:E4303,ϕ3.2 mm。

2. 焊前准备

①选用 BX3-300 型弧焊变压器。

②检查焊机各处的接线是否正确、牢固,并按要求调试好焊接参数。

③检查焊条质量,并严格按照规定的温度和时间进行烘干,再放在保温箱内随取随用。

④清理坡口及其两侧 20 mm 范围内的铁锈、油污、氧化物等,使其露出金属光泽。

⑤备好工作服、焊工手套、面罩、护脚盖、锉刀、角向磨光机、钢丝刷等。

3. 定位焊

定位焊缝位于 T 形接头的首尾两处。

4. 焊接工艺参数

焊接工艺参数见表 6.5。

表 6.5　焊接工艺参数

焊接层次	焊条直径/mm	焊接电流/A	焊接电压/V	焊接速度/(mm·min^{-1})
打底层	3.2	130~140	15~25	150~160
盖面层	3.2	130~140	15~25	150~160

5. 操作要领

焊道分布如图 6.26 所示。

(1)打底焊

焊条角度如图 6.27 所示。采用直线运条,压低电弧,必须保证顶角处焊透,电弧始终对准顶角;焊接过程中,注意观察熔池,使熔池下沿与底板熔合良好,熔池上沿与立板熔合良好,焊脚尺寸对称。

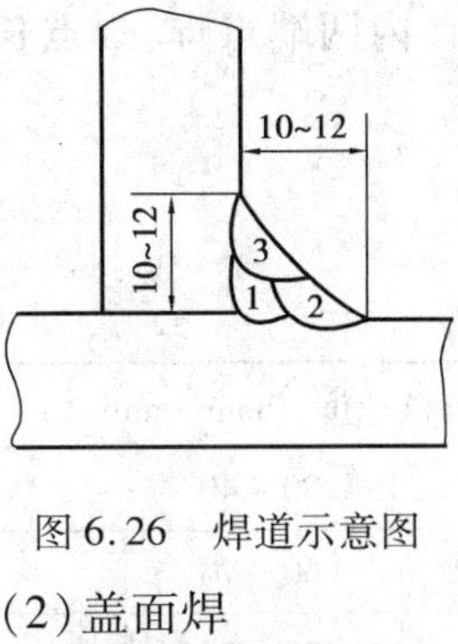

图 6.26　焊道示意图

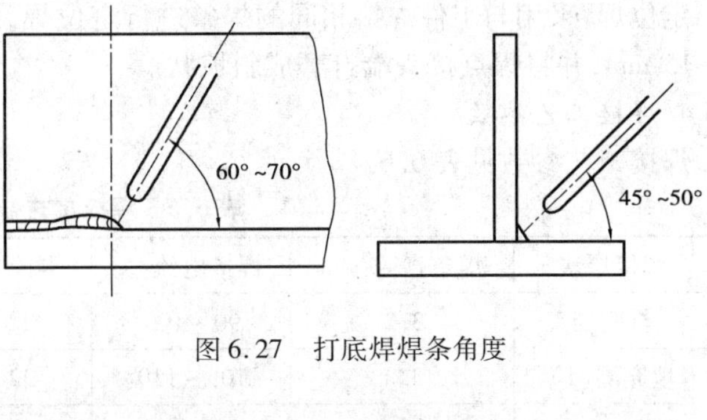

图 6.27　打底焊焊条角度

(2)盖面焊

盖面焊前,应将打底层清理干净,焊条角度如图 6.28 所示。焊盖面层下面的焊道时,电弧应对准打底焊道的下沿,直线运条;焊盖面层上面的焊道时,电弧应对准打底焊道的上沿,焊条稍作横向摆动,使熔池上沿与立板平滑过渡,熔池下沿与下面的焊道均匀过渡。焊接速度要均匀,以便形成表面较平滑且略带凹形的焊道。如果要求焊脚较大,可适当摆动焊条,运条可采用锯齿形或斜圆圈形。

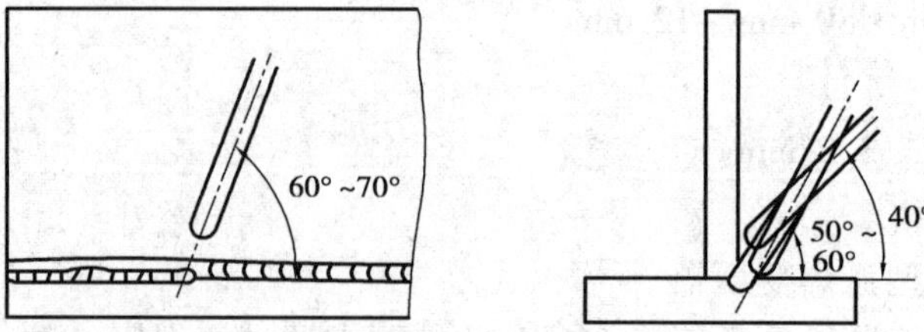

图 6.28　盖面焊焊条角度

实训三:低碳钢板对接立焊

1. 焊接要求

焊接要求如图 6.29 所示。

工件材料:20 g。

工件及坡口尺寸:300 mm × 200 mm × 12 mm。

焊接位置:立焊。

焊接要求:单面焊双面成形。

焊接材料:E4303,ϕ3.2 mm。

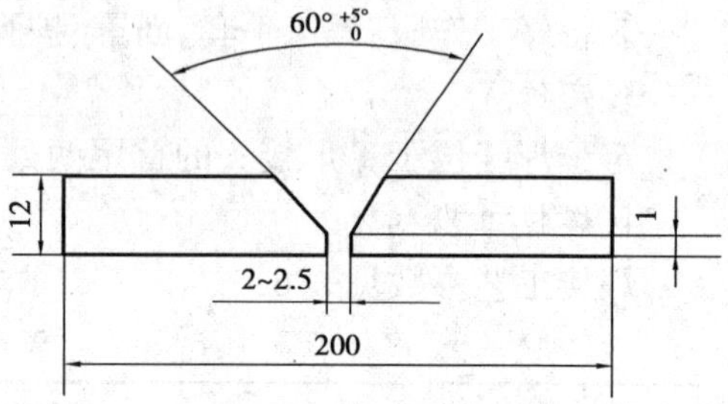

图 6.29　钢板对接立焊

2. 焊前准备

①选用 BX3-300 型弧焊变压器。

②检查焊机各处的接线是否正确、牢固,并按要求调试好焊接参数。

③检查焊条质量,并严格按照规定的温度和时间进行烘干,再放在保温箱内随取随用。

④清理坡口及其两侧 20 mm 范围内的铁锈、油污、氧化物等,使其露出金属光泽。

⑤备好工作服、焊工手套、面罩、护脚盖、锉刀、角向磨光机、钢丝刷等。

3. 工件装配

装配间隙:始焊端 2.0 mm,终焊端 2.5 mm。

预置反变形量:3° ~4°。

错边量:≤1.2 mm。

定位焊:采用与工件焊接相同的焊条进行定位焊,并在工件坡口内两端点焊,焊点长度为 10 ~ 15 mm,并将焊点接头端打磨成斜坡状。

4. 焊接工艺参数

焊接工艺参数见表 6.6。

表 6.6　焊接工艺参数

焊接层次	焊条直径/mm	焊接电流/A	焊接电压/V	焊接速度/(mm · min^{-1})
打底层	3.2	90 ~ 100	22 ~ 26	30 ~ 40
填充层(1)	3.2	100 ~ 110	22 ~ 26	60 ~ 70
填充层(2)	3.2	100 ~ 110	22 ~ 26	60 ~ 70
盖面层	3.2	90 ~ 100	22 ~ 26	70 ~ 80

5. 操作要领

如图 6.30 所示，分 4 层 4 道施焊。

(1)底焊

底焊时，可采用连弧法或断弧法，这里主要介绍连弧法。

1)引弧

在定位焊缝上端引弧，焊条与工件的倾角为 75°～80°，与焊缝左右两边夹角为 90°。当焊至定位焊缝尾部时，应稍作停顿预热，将焊条向坡口根部压一下，在熔池前方打开熔孔，如听见电弧穿过间隙发出清脆的“哗……”声，表示根部已焊透；此时，应迅速熄弧，以防止熔池温度过高而使熔化的铁水下坠，在焊缝正面、背面形成焊瘤。引弧位置如图 6.31 所示。

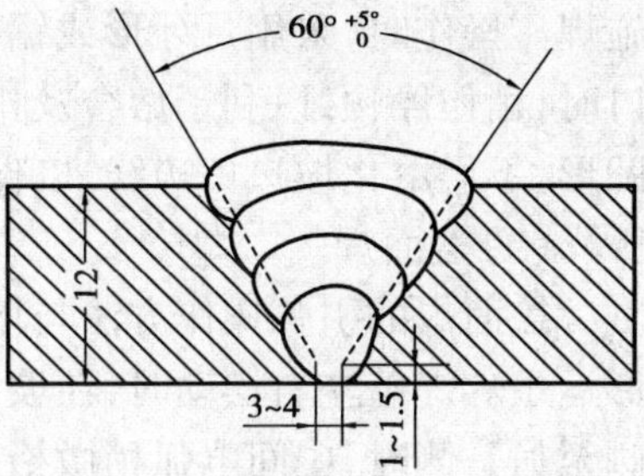

图 6.30 钢板对接立焊示意图

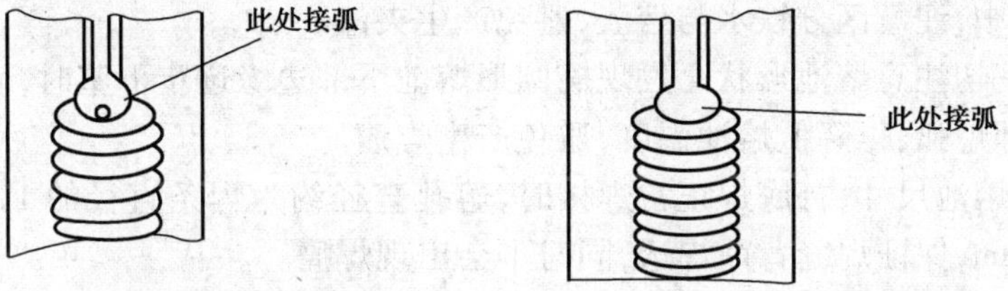

(a)“半击穿法”接弧处 (b)“不击穿法”接弧处

图 6.31 引弧位置

2)接弧

运条方法采用月牙形或锯齿形短弧操作方法。

3)收弧

打底层焊接在收弧时，首先在熔池上方形成熔孔，然后回焊 10 mm 左右，再熄弧，并使其形成斜坡形。

4)接头

接头可分热接头和冷接头两种方法。

①热接头

当熔池还处在红热状态时，在熔池下方约 15 mm 处的坡口引弧，并作横向摆动焊至收弧处，使熔池温度逐步升高，然后将焊条沿着预先做好的熔孔向坡口根部压一下；同时，焊条与工件的角度增至 90°左右，听到“哗……”声后稍作停顿，再恢复正常焊接。其中，暂停时间要适中，过长则工件背面容易形成焊瘤，过短则不易接头或背面内凹。另外，接头时，更换焊条的速度越快越好。

②冷接头

熔池冷却后，用角向砂轮或錾子将焊道收弧处打磨成 10 mm 左右的斜坡，并在斜坡处引弧预热。当焊至斜坡最低处时，将焊条沿熔孔向坡口根部压一下，听到“哗……”声后稍作停顿，再恢复焊条正常角度进行焊接。

5)打底层焊缝厚度

坡口背面 1～1.5 mm，正面厚度 3 mm 左右。

(2)填充焊

为避免产生缺陷,在距焊缝始焊端上方 10 mm 左右处引弧后,应将电弧快速移至始焊端施焊。操作时,采用月牙形或锯齿形运条,焊条与工件角度为 70° ~80°。焊条摆动至两侧坡口时,稍作停顿,以利于熔合及排渣。最后的填充焊层高度应低于母材表面 1 ~1.5 mm,并成凹形,不得熔化坡口棱边线,以保证表面层焊缝平直。

(3)盖面焊

盖面焊的引弧操作方法与填充焊相同,焊条与工件角度为 70° ~80°,采用月牙形或锯齿形运条。焊条左右摆动时,在坡口边缘稍作停顿,熔化坡口棱边线 1 ~2 mm。当焊条从坡口一侧至另一侧时,中间电弧稍微抬高,同时观察熔池形状。焊条摆动的速度应比平焊略快,前进速度均匀,新熔池覆盖前一熔池 2/3 ~3/4。接头时,应在弧坑上方约 15 mm 的填充层焊缝金属处引弧,再迅速将电弧拉回至原熔池,填满弧坑后继续施焊。

(4)注意事项

①焊接过程中,注意区分铁水与熔渣,避免产生夹渣。

②立焊时,密切注意熔池形状。发现椭圆形熔池下部边缘逐步下坠时,表面熔池温度已稍高或过高,应立即熄弧,以降低熔池温度,避免产生焊瘤。

③严格控制熔池尺寸,打底焊正常焊接时,熔孔直径约为焊条直径的 1.5 倍,将坡口钝边熔化 0.8 ~1.0 mm,保证焊缝背面焊透,同时不会出现焊瘤。

④对每层焊道的熔渣应彻底清理干净。

⑤盖面焊时,应保证焊缝熔合良好。如发现咬边,则焊条应稍作摆动或适当降低焊接速度。焊缝边缘与工件表面应圆滑过渡,避免应力集中。

实训四:低合金钢板对接横焊

1. 焊接要求

焊接要求如图 6.32 所示。

工件材料:16Mn。

工件及坡口尺寸:300 mm ×200 mm ×12 mm。

焊接位置:横焊。

焊接要求:单面焊双面成形。

焊接材料:E5015,ϕ2.5 mm/ϕ3.2 mm。

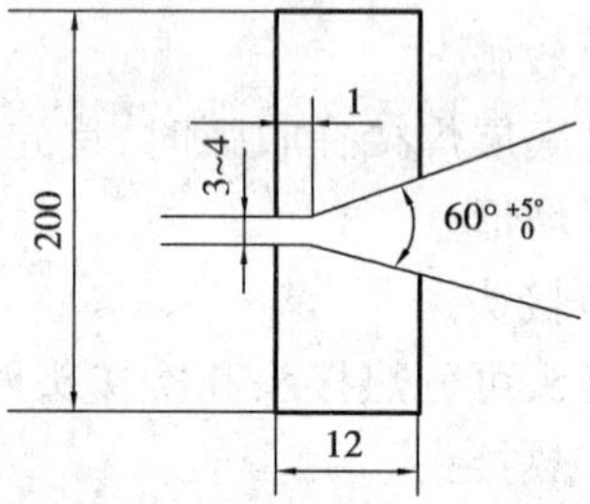

图 6.32　平板对接横焊工件及坡口尺寸

2. 焊前准备

①选用 ZX5-400 型或 ZX7-400 型弧焊变压器。

②检查焊机各处的接线是否正确、牢固,并按要求调试好焊接参数。

③检查焊条质量,并严格按照规定的温度和时间进行烘干,再放在保温箱内随取随用。

④清理坡口及其两侧 20 mm 范围内的铁锈、油污、氧化物等,使其露出金属光泽。

⑤备好工作服、焊工手套、面罩、护脚盖、锉刀、角向磨光机、钢丝刷等。

3. 工件装配

装配间隙:始焊端 3.0 mm,终焊端 4.0 mm。

预置反变形量:6°。

错边量:≤1.2 mm。

定位焊:采用与工件焊接相同的焊条进行定位焊,并在工件坡口内两端点焊,焊点长度为

20 mm,并将焊点接头端打磨成斜坡状。

4. 焊接工艺参数

焊接工艺参数见表6.7。

表6.7　焊接工艺参数

焊接层次	焊条直径/mm	焊接电流/A	焊接电压/V	焊接速度/(mm·min⁻¹)
打底层(第一层第1道)	2,5	70~80	23~26	130~150
填充层(第二层第2,3道,第三层第4,5道)	3.2	120~140	23~26	130~150
盖面层(第四层第6,7,8道)	3.2	120~130	23~26	140~160

5. 操作要领

如图6.33所示,采用连弧或断弧焊接,共4层8道。

(1)底焊

1)连弧焊接

在工件左侧定位焊缝上引弧,并稍作预热,将电弧上下摆动,移至定位焊缝与坡口连接处,压低电弧,待坡口熔化并击穿形成熔孔后,进行正常焊接。焊接过程中,采用短弧,运条均匀,在坡口上侧停留时间应稍长。运条方法及焊条角度如图6.34所示。

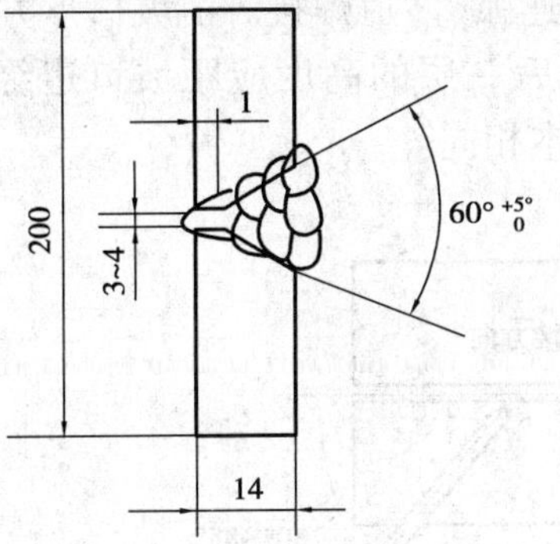

图6.33　平板对接横焊示意图

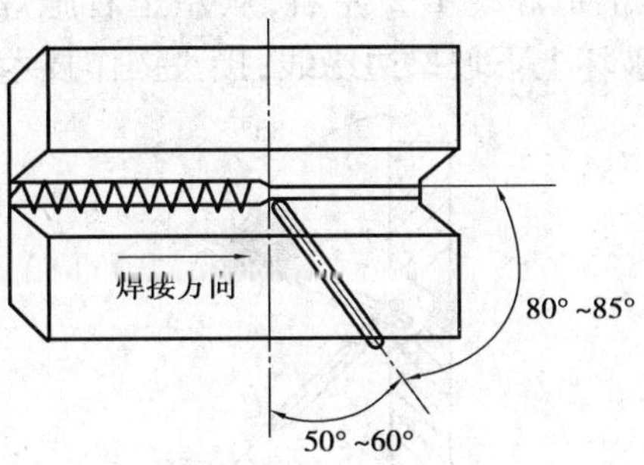

图6.34　连弧打底运条方法与焊条角度

2)断弧焊接

横焊打底层操作时,采用断弧焊,运条动作和焊条角度如图6.35所示。当电弧指向坡口上、下两侧时,焊条角度如图6.36所示,焊缝及熔孔如图6.37所示。

焊接时,在坡口内引燃电弧,施焊的同时熔化坡口最低处,将根部击穿;待熔孔出现后立即熄弧;引弧始终在熔池端,迅速移动到上侧坡口根部;将其击穿后立即移动至下侧坡口,击穿根部后熄弧;每次熄弧、击穿要压着熔池的2/3处向前移动;上下侧根部停留时间1 s为宜,过长则容易造成上侧背面咬边,下侧背面下坠,应保持熔孔均匀,单侧0.8 mm左右;更换焊条熄弧时,须填满弧坑,使熔池缓慢降温,以防止产生气孔、裂纹。

打底焊接头时,在距前端焊道收弧处10 mm左右的坡口内引燃电弧,接头操作技术与立

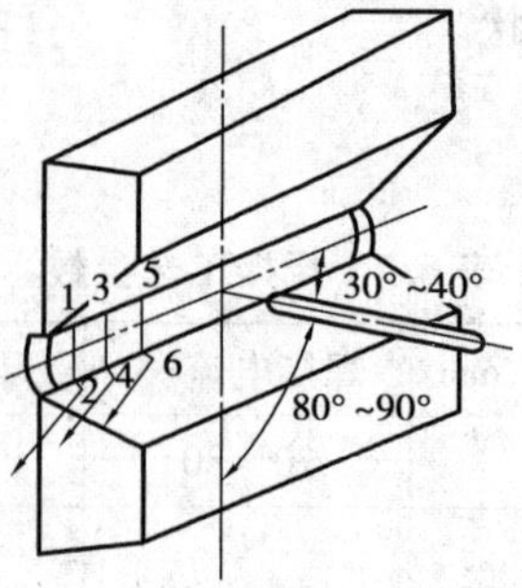

图 6.35　断弧打底运条方法与焊条角度

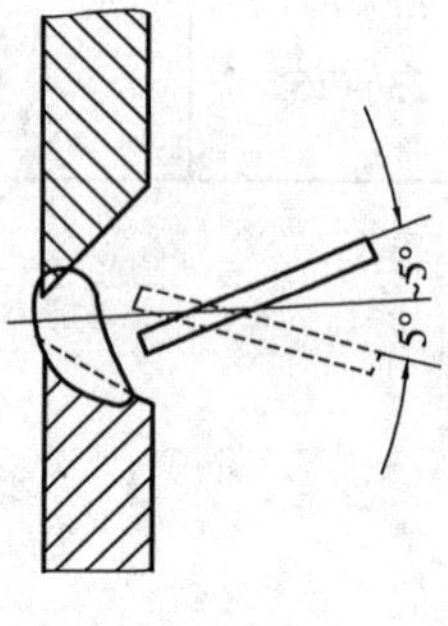

图 6.36　焊条角度

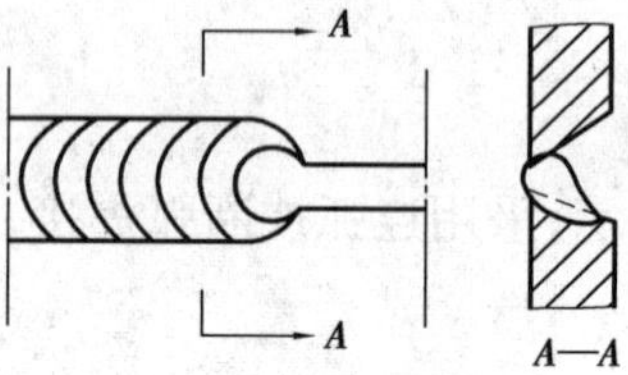

图 6.37　焊缝及熔孔

焊基本相同。

(2)填充焊

填充焊分为两层,焊条角度如图 6.38 所示,均采用连弧、多道焊接。由坡口下方始焊,逐道向上,压上道焊缝 1/2 左右,从左至右施焊。注意最后一层的高度应距坡口边缘线 1 ~ 2 mm,不能破坏上下坡口边缘线;接头操作技术与立焊基本相同。

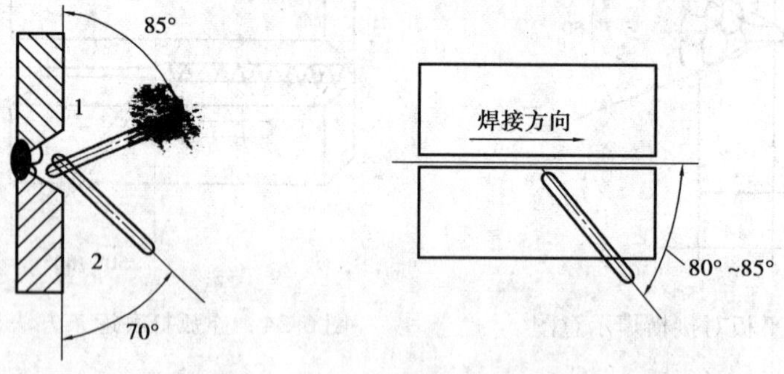

(a)焊条与工件夹角　　(b)焊条与焊缝夹角

图 6.38　填充层的焊条角度

(3)盖面焊

焊条角度如图 6.39 所示,采用连弧、多道焊接。逐道向上,压上道焊缝 1/2 左右。第一道以熔化下侧坡口边缘 1 ~ 2 mm 为宜,最后一道以熔化上侧坡口边缘 1 ~ 2 mm 为宜。

(4)注意事项

①打底焊接要求运条动作迅速,并且位置准确。

②保证根部熔透均匀,背面成形饱满。

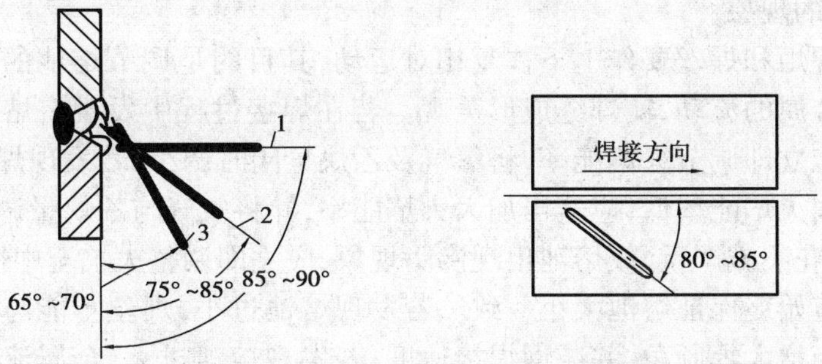

(a)焊条与工件夹角　　(b)焊条与焊缝夹角

图 6.39　盖面焊的焊接角度

③各层焊接必须注意观察上下坡口熔化情况，熔池清晰，无熔渣浮在熔池表面时，焊条才能向前移。注意上坡口处容易出现未熔合的现象。其解决方法是将电弧在上侧坡口多作停留，使其充分熔化。

实训五:低碳钢板对接气焊

1. 焊接要求

工件材料:Q235。

工件尺寸:300 mm×200 mm×6 mm。

接头形式:对接。

2. 焊前准备

(1)焊丝及焊件表面清理

为保证焊接质量，施焊前应把焊丝及焊件接头处的氧化物、铁锈、油污等清理干净，以免产生气孔、夹渣等现象。

(2)定位焊(即点焊)

定位焊的目的是固定工件间的相对位置。可从工件两头施焊，点焊的长度应为 20 ~ 30 mm，间隔 200 ~ 300 mm。定位焊焊缝不宜过长，更不能过高或过宽。对较厚的工件施行定位焊时，应有足够的熔深，否则正式焊接时容易造成焊缝高低不平、宽窄不一、熔合不良等现象。

3. 各种位置焊接练习

(1)平焊

平焊是气焊最常用的一种焊接方法。平焊时，多采用左焊法施焊。焊丝与焊炬与工件的位置关系如图 6.40 所示。火焰焰心的末端与焊件表面保持 2 ~ 6 mm 的间隙；焊丝位于焰心前 2 ~ 4 mm。焊接时，容易出现焊丝在熔池边缘被黏住的现象。其解决方法是用火焰加热焊丝与焊件接触处，焊丝即可自然脱离。

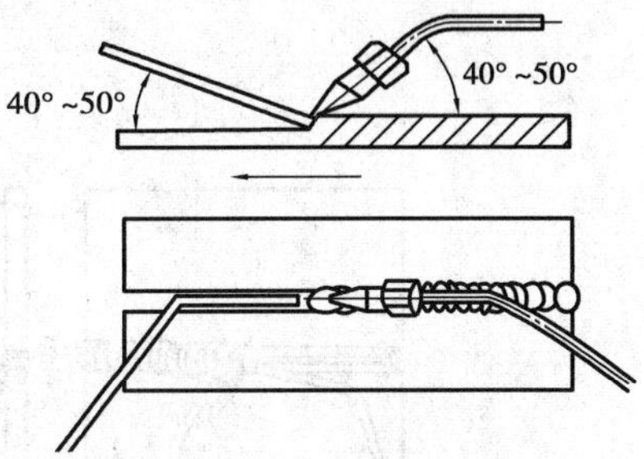

图 6.40　平焊示意图

开始焊接时，可从对接缝一端 30 mm 处施焊。其目的是使焊缝处于板内，传热面积大，金属基本熔化时，周围温度已升高，冷凝时不易出现裂纹。在整个施焊过程中，火焰应始终笼罩着熔池与焊丝末端，以免已熔化金属被氧化。施焊时，应将焊丝与焊件同时熔化，使焊丝金属与焊件金属均匀地熔合成焊缝。与焊件相比，焊丝更易于熔化，火焰应较多地集中在焊件上，否则会产生未焊透的现象。

焊接过程中，焊炬和焊丝要作上下往复相对运动，其目的是调节熔池的温度，使焊缝熔化良好，并控制液体金属的流动，使焊缝成形美观。若在焊接过程中发现有熔池金属被吹出，表明气体流量过大，应立即调节火焰能率，将氧气及乙炔量同时调小；若发现焊缝过高，与焊件金属熔合不圆滑，表明火焰能率低，应适当加大火焰能率，并将氧气与乙炔量调大；若发现熔池不清晰，有气泡，且火花飞溅严重，或熔池出现沸腾现象，应立即调整火焰至中性焰状态。

焊接过程中，应始终保证熔池大小一致。若发现熔池过小，焊丝不能与焊件良好熔合，表明热量不够，应适当增大焊倾角，并减慢焊接速度；若发现熔池过大，金属流动性差，容易导致焊件被烧穿，应加快焊接速度，并减小焊炬角度；若仍达不到要求，应抬起火焰，让熔池降温至正常后，再继续施焊。

焊接结束时，将焊炬火焰缓慢提起，使熔池逐渐缩小，为防止收尾时产生气孔、凹坑或裂纹，可在收尾时适当多填充焊丝。

(2)立焊

由于焊接过程中液态金属容易下流，导致焊缝表面不易形成均匀的焊波，立焊操作难度相对较大。因此，立焊操作时，严格控制熔池温度，并且熔池面积及熔池深度不能过大。施焊过程中，随时观察熔池温度变化，控制熔池形状，使熔池金属受热适当。焊嘴向上倾斜，与焊件夹角≥60°，借助火焰气流的压力支承熔池，防止液态金属下流。

焊丝与焊炬的相对位置与平焊相似，焊炬一般不作横向摆动，但为了有效控制熔池温度，焊炬可作上下运动，有利于熔池冷却，保证熔池受热适当；焊丝则在火焰的范围内作环形运动，使熔化的焊丝金属一层层地均匀堆敷在焊缝上。在焊接过程中，若发现熔池温度过高，液态金属即将下流时，应立即将火焰移开，待熔池温度降低后再继续施焊。

(3)横焊

如图 6.41 所示，与立焊类似，横焊的主要问题也是液态金属的下淌，使焊缝上方形成咬边，下方形成焊瘤，如图 6.42 所示。横焊操作时，应使用较小的火焰能率来控制熔池温度；采用左焊法焊接，同时焊炬适当向上倾斜；火焰与工件间的夹角控制为 70° ~ 80°，使火焰直接朝向焊缝，利用火焰吹力托住液态金属，防止液态金属下淌。

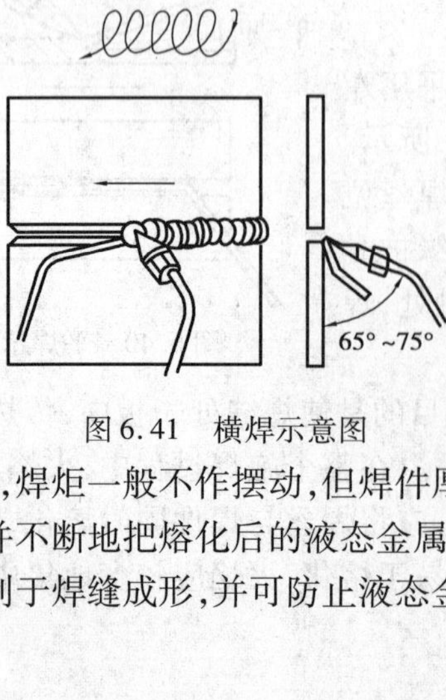

图 6.41 横焊示意图

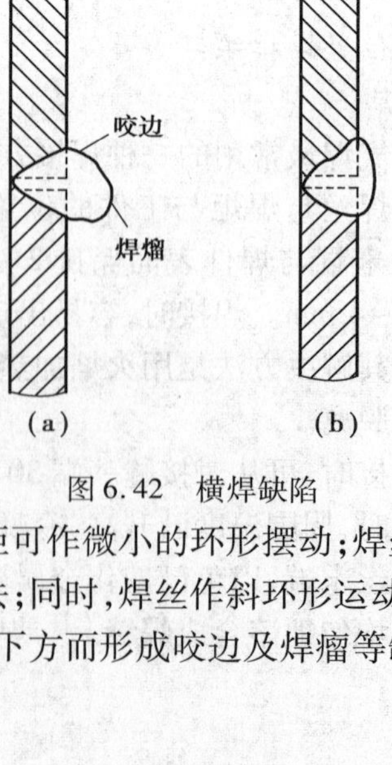

图 6.42 横焊缺陷

施焊时，焊炬一般不作摆动，但焊件厚度较大时，焊炬可作微小的环形摆动；焊丝应始终浸在熔池中，并不断地把熔化后的液态金属向熔池上方推去；同时，焊丝作斜环形运动，使熔池稍有倾斜，有利于焊缝成形，并可防止液态金属堆积在熔池下方而形成咬边及焊瘤等缺陷。

实训六：钨极氩弧焊

1. 焊接要求

焊接要求如图 6.43 所示。

工件材料：Q235。

焊接位置：对接平焊。

焊接要求：单面焊双面成形。

焊接材料：焊丝为 ER50-4（TIG-J50）；电极为铈钨极。

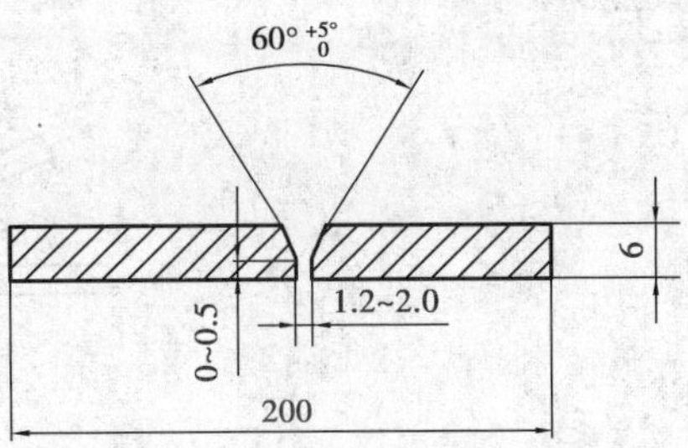

图 6.43　工件及坡口尺寸

2. 焊前准备

①选用 Ws7-400 逆变式高频氩弧焊机或 Zs7-400st 逆变式直流焊条电弧焊/钨极氩弧焊两用焊机。

②检查焊机各处的接线是否正确、牢固，并按要求调试好焊接参数。

③检查氩弧焊水、气冷却系统有无堵塞或泄漏。

④清理坡口及其两侧 20 mm 范围内的铁锈、油污、氧化物等，使其露出金属光泽。

⑤备好工作服、焊工手套、面罩、护脚盖、锉刀、角向磨光机、钢丝刷等。

3. 工件装配

装配间隙：1.2 ~ 2.0 mm。

错边量：≤0.6 mm。

定位焊：采用手工钨极氩弧焊，按表 6.8 中的焊接参数在工件正面坡口内两端进行定位焊，焊点长度 10 ~ 15 mm，并将焊点接头端预先打磨成斜坡状。

4. 焊接工艺参数

焊接工艺参数见表 6.8。

表 6.8　焊接工艺参数

焊接层次	焊接电流 /A	电弧电压 /V	氩气流量 /(L · min^{-1})	钨极直径 /mm	焊丝直径 /mm	钨极伸出长度/mm	喷嘴直径 /mm	喷嘴至工件距离/mm
打底焊	80 ~ 100	10 ~ 14	8 ~ 10	2.5	2.5	4 ~ 6	8 ~ 10	≤12
填充焊	90 ~ 100	10 ~ 14	8 ~ 10	2.5	2.5	4 ~ 6	8 ~ 10	≤12
盖面焊	100 ~ 110	10 ~ 14	8 ~ 10	2.5	2.5	4 ~ 6	8 ~ 10	≤12

5. 操作要领

(1) 打底焊

手工钨极氩弧焊通常采用左焊法，将工件装配间隙大端放在左侧。

1) 引弧

在工件右端定位焊缝上引弧。引弧时，电弧长度为 4 ~ 7 mm，坡口处预热 4 ~ 5s。

2) 焊接

引弧后预热引弧处，待定位焊缝左端形成熔池并出现熔孔后开始送丝。焊丝、焊枪与焊件角度如图 6.44 所示；采用较小的焊枪倾角和较小的焊接电流；送丝速度均匀，焊枪移动平稳；密切观察熔池变化，随时调节相关参数，保证背面焊缝成形良好。若发现熔池增大、焊缝变宽并出现下凹时，表明熔池温度过高，应立即减小焊枪与焊件夹角，同时适当减慢焊接速度。

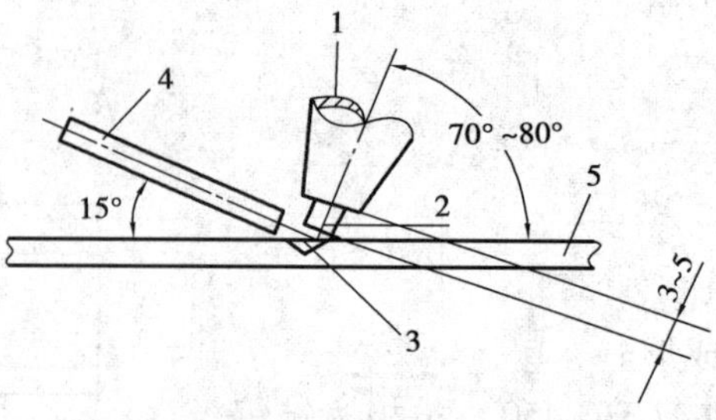

图 6.44　手工钨极氩弧焊

1—喷嘴；2—钨极；3—熔池；4—焊丝；5—焊件

3）接头

当更换焊丝或暂停焊接时，需要接头。松开焊枪按钮开关，停止送丝，借焊机电流衰减熄弧，但焊枪仍需对准熔池进行保护，待其完全冷却后方能移开焊枪。若焊机无电流衰减功能，应在松开按钮开关后稍抬高焊枪，待电弧熄灭、熔池完全冷却后移开焊枪。接头前，先检查接头熄弧处质量，如无氧化物等缺陷，可直接进行接头焊接；如有缺陷，则必须将缺陷去除并将其前端打磨成斜面，方可进行接头焊接。

4）收弧

焊至工件末端时，应减小焊枪与工件间的夹角，使热量集中在焊丝上，加大焊丝熔化量以填满弧坑；切断控制开关，焊接电流将逐渐减小，熔池也随之减小，再将焊丝抽离电弧；停弧后，氩气滞后 10 s 左右关闭，以防止熔池金属在高温下氧化。

（2）填充焊

按焊接参数调整好设备，进行填充层焊接。其操作要领与打底层基本相同。焊接时，焊枪可作圆弧、“之字形”横向摆动，并在坡口两侧稍作停留，以保证坡口两侧熔合良好、焊道均匀；从工件右端始焊，观察熔池两侧熔合情况，保证焊缝表面平整且稍下凹；填充层的焊道焊完后，应比焊件表面低 1.0～1.5 mm，以免坡口边缘熔化导致盖面层产生咬边或焊偏现象；焊接结束后，将焊道表面清理干净。

（3）盖面焊

按焊接参数调整好设备，进行盖面层焊接。其操作要领与填充层基本相同。不同的是焊枪的摆动幅度应加大，保证熔池两侧超过坡口边缘 0.5～1.0 mm，并根据焊缝余高选择合适的填丝速度与焊接速度，尽可能保持焊缝速度均匀；熄焊时，必须填满弧坑。

6. 焊后清理检查

焊接结束后，关闭焊机，用钢丝刷清理焊缝表面；用肉眼或低倍放大镜检查焊缝表面有无气孔、裂纹、咬边等缺陷；用焊缝量尺测量焊缝外观成形尺寸。

实训七：CO_2 气体保护焊

1. 焊接要求

工件材料：Q235。

工件尺寸：300 mm × 100 mm × 6 mm。

坡口形式：V 形角 $\alpha = 60°$。

焊接材料：H08Mn2SiA，$\phi 1.2$ mm。

2. 焊前准备

①选择焊接设备 Panasonic 350。

②检查焊机各处的接线是否正确、牢固,并按要求调试好焊接参数。

③清理坡口及其两侧 20 mm 范围内的铁锈、油污、氧化物等,使其露出金属光泽。

④为防止飞溅、清理困难或喷嘴堵塞,可在焊件表面涂上一层飞溅防黏剂,在喷嘴上涂一层焊接喷嘴防堵剂。

⑤备好工作服、焊工手套、面罩、护脚盖、锉刀、角向磨光机、钢丝刷等。

3. 定位焊

如图 6.45 所示,采用与正式焊接时相同的焊接材料及工艺参数,定位焊的位置在工件背部的两端处。

4. 预留反变形

如图 6.46 所示,为保证焊后工件无角变形,要求工件在装配完后且正式焊接前预留反变形。通过焊缝检验尺寸或其他测量工具来保证反变形量。

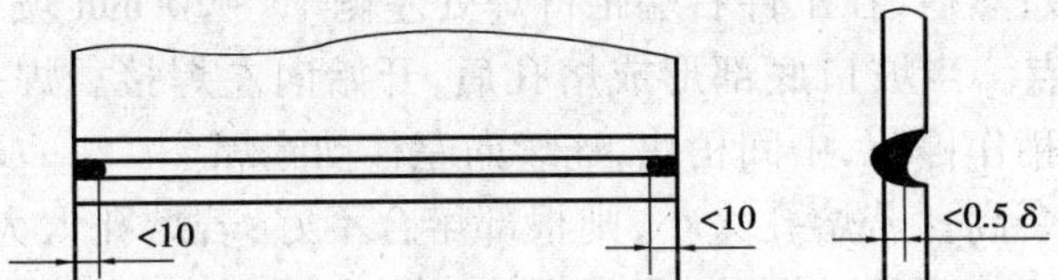

图 6.45　定位焊的位置

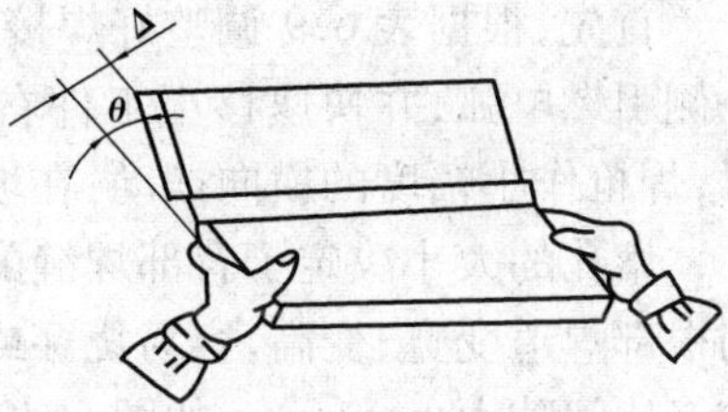

图 6.46　预留反变形示意图

5. 操作要领

(1)工件装配尺寸

工件装配尺寸见表 6.9。

表 6.9　工件装配尺寸

坡口角度/(°)	钝边/mm	装配间隙/mm	错边量/mm	反变形/(°)
60	0	始焊端 3,终焊端 4	≤1	3~4

(2)焊接工艺参数

焊接工艺参数见表 6.10。

表 6.10　焊接工艺参数

焊接层次	焊接电流/A	电弧电压/V	气体流量/(L·min^{-1})	焊丝直径/mm	伸出长度/mm
打底焊	90~100	18~19	10~15	1.2	20~25
填充焊	210~230	23~25	15~20	1.2	20~25
盖面焊	220~240	24~25	15~20	1.2	20~25

(3)工件位置

检查工件装配及反变形量。符合要求后,将工件平放在水平位置(间隙小的一端放在右侧)。

(4)焊接操作要领

1)焊枪角度及指向位置

采用左焊法,3 层 3 道。焊枪角度如图 6.47 所示;焊道分布如图 6.48 所示。

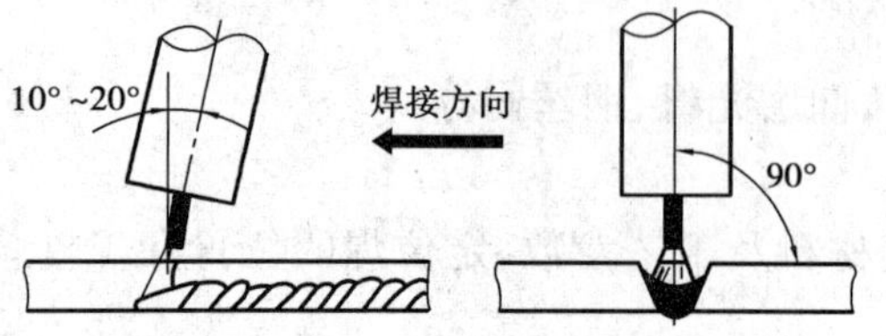

图 6.47　平焊位焊枪角度

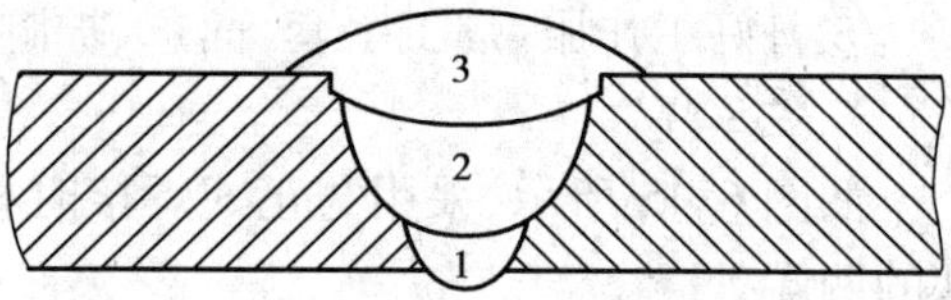

图 6.48　焊道分布

2)打底焊

首先,根据表 6.9 调整好焊接工艺参数;然后,在工件右端距待焊处左侧 15 ~ 20 mm 坡口一侧引燃电弧,并快速移至工件右端起焊点。当坡口底部形成熔孔后,开始向左焊接。焊接时,焊枪作小幅度的横向摆动,在坡口两侧稍作停留,中间稍快,连续向左移动施焊。

熔孔的大小决定了背部焊缝的宽度和余高。若熔孔太小,则根部熔合不好;若熔孔太大,则根部焊道变宽、变高,容易烧穿或产生焊瘤等现象。因此,要求焊接过程中控制熔孔的直径始终比间隙大 1 ~ 2 mm,如图 6.49 所示。要求焊接过程中,根据间隙和熔孔直径的变化、工件温度的变化情况,及时调整焊枪角度、摆动幅度及焊接速度,以获得宽窄与高低均匀的背部焊道。

焊接过程中,还要注意观察坡口面的熔合情况,依靠焊枪的摆动、电弧在坡口两侧的停留,保证坡口面熔化并与熔池边缘熔合在一起。如图 6.50 所示,保持电弧在离坡口根部 2 ~ 3 mm 处燃烧,并控制打底层焊道厚度不超过 4 mm。

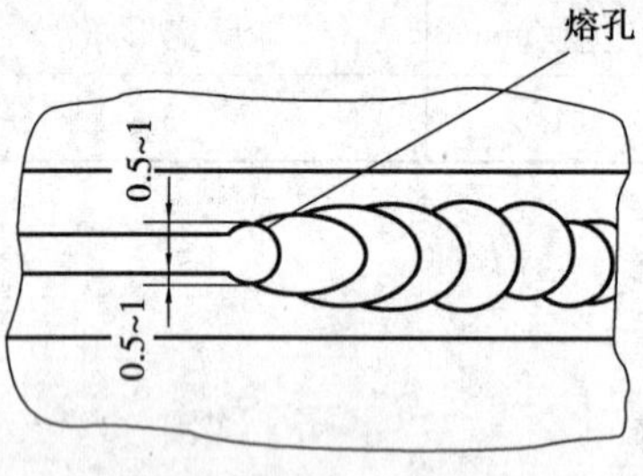

图 6.49　平焊时熔孔的控制

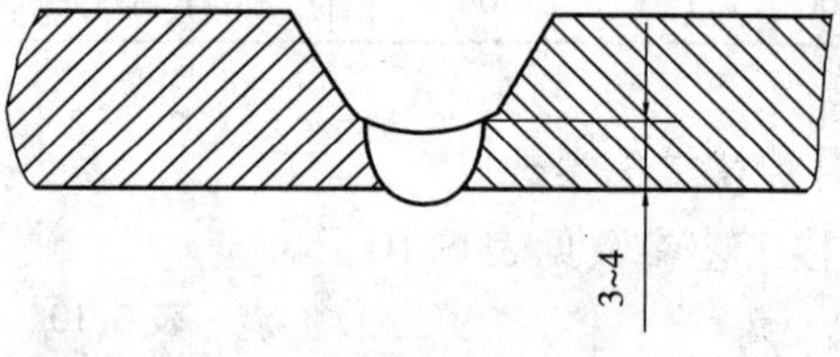

图 6.50　打底焊道

3)填充焊

①焊前清理

将打底层的飞溅和熔渣清理干净,凸起不平的地方磨平。

②控制两侧坡口的熔合

焊枪的横向摆动应比打底焊时稍大,保证两侧坡口有一定的熔深,焊道平整并有一定的下凹。

③控制焊道厚度

如图 6.51 所示,焊道高度低于母材 1.5 ~ 2 mm。注意,一定不能熔化坡口两侧的棱边,以便盖面时能看清坡口,为盖面焊打好基础。

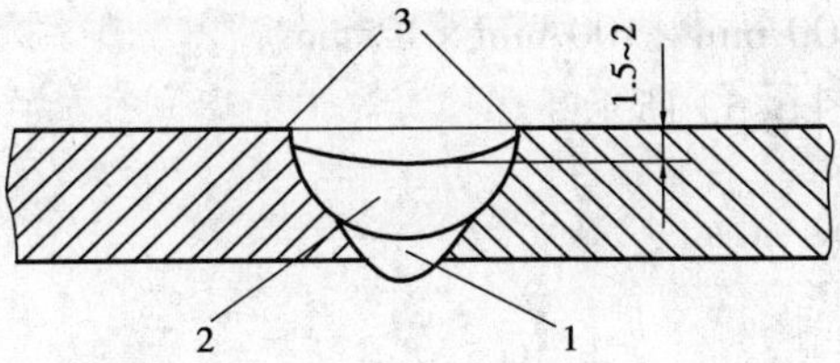

图 6.51　填充焊道

1—打底焊道;2—填充焊道;3—棱边

(5)盖面焊

焊接前,先清理填充焊时的飞溅和熔渣,并将凸起不平的地方磨平;焊接时,焊枪的摆动幅度比填充焊时稍大,并且注意摆动幅度及前进速度均匀;注意观察坡口两侧的熔化情况,保证熔池的边缘超过坡口两侧的棱边(≤2 mm),避免咬边;保持喷嘴的高度一致;收弧时,填满弧坑,并待熄弧、熔池凝固后,才能移开焊枪,避免出现弧坑裂纹、产生气孔等现象。

实训八:埋弧焊

1.焊接要求

焊接要求如图 6.52 所示。

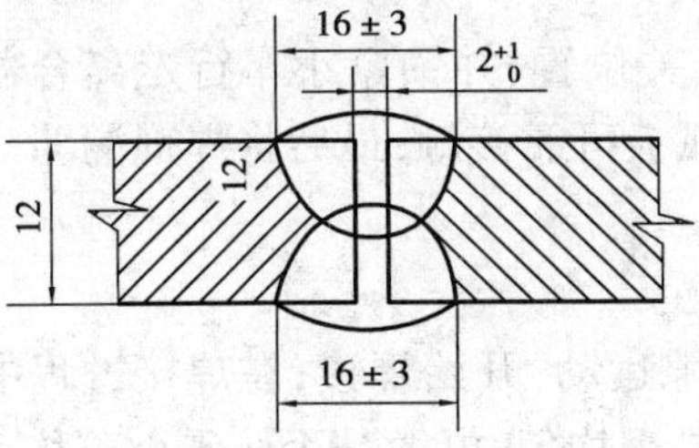

图 6.52　接头形式

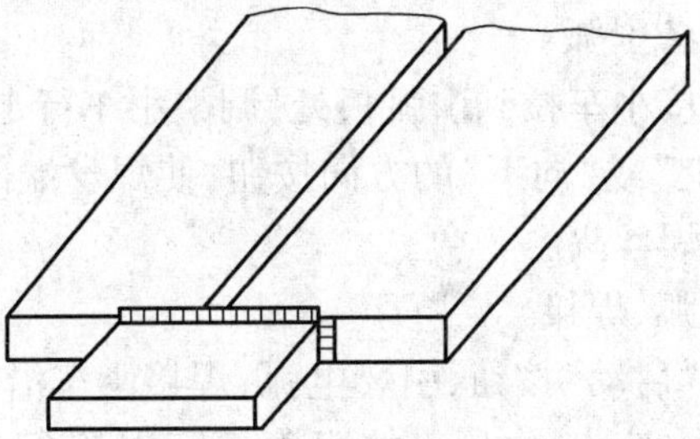

图 6.53　装配及定位焊要求

工件材料:Q235 或 20Cr。

工件尺寸:400 mm × 100 mm × 12 mm。

坡口形式:I 形。

接头形式:对接平焊。

焊接材料:焊丝 H08A,ϕ5 mm;焊剂 HJ431;定位焊条 E4303,ϕ4 mm。

2.焊前准备

①选择 MZ-1000 型焊机。

②检查焊机各处的接线是否正确、牢固,并按要求调试好焊接参数。

③除去焊丝上的油、锈及其他污物,烘干焊条及焊剂。

④清理坡口及其两侧 20 mm 范围内的铁锈、油污、氧化物等,使其露出金属光泽。

3.装配及定位焊

装配间隙:2 ~ 3 mm。

预置反变形量:3°。

错边量:≤1.2 mm。

定位焊:用焊条电弧焊将引弧板及引出板焊在工件两端。

引弧板及引出板尺寸:100 mm×100 mm×12 mm。

装配及定位焊要求:如图6.53所示。

4.操作要领

(1)焊接工艺参数

焊接工艺参数见表6.11。

表6.11 焊接工艺参数

焊接层道位置	焊丝直径/mm	焊接电流/A	电弧电压/V	电流种类	焊接速度/($m \cdot h^{-1}$)
正面	5.0	650~700	36~38	交流	35
背面	5.0	700~750	38~40	交流	30~35

(2)背面焊道的操作要领

1)垫焊剂垫

保证工件正面完全被焊剂贴紧,同时要防止在焊接过程中工件因受热变形与脱离,产生焊漏、烧穿等缺陷,尤其是在焊缝末端收尾时更应注意。

2)焊丝对中

拉动焊接小车并往返几次,以使焊丝能在整个工件上对准间隙中心,但不能与工件接触。

3)准备引弧

将焊接小车拉到引弧板处,调整小车行走方向开关位置,并锁紧小车行走离合器;再按下焊丝"向上"或"向下"的方向按钮,使焊丝端部与引弧板可靠接触;最后将焊剂漏斗门打开,使焊剂覆盖焊丝头。

4)引弧、焊接

按下"启动"按钮,引燃电弧;焊接小车沿工件间隙运动,开始焊接;在焊接过程中,操作者需要注意电流表、电压表的读数;观察小车行走速度是否均匀,电缆是否妨碍小车移动,焊剂是否足够,漏出的焊剂是否埋住焊接区,以及焊接过程中的声音是否正常等。同时,随时根据情况作出调整。

5)收弧

当熔池全部到了引出板上后,即可收弧;收弧时的操作要领是分两步按"停止"按钮,即先按一半,使焊接小车停止前进,但电弧仍在燃烧,熔化的焊丝用以填满弧坑;待弧坑填满后,立即将"停止"按钮按到底。

6)清渣

待焊缝金属及熔渣完全冷却凝固后,敲掉焊渣,并检查背面焊道质量,要求背面焊道熔深达到工件厚度的40%~50%。

(3)正面焊道操作要领

背面焊道检验合格后,将工件正面朝上放好,开始焊正面焊道。其操作方法及步骤与背面焊道完全相同。因为已有背面焊道,焊正面焊道时,不必用焊剂垫;同时,为防止未焊透或夹渣,要求正面焊道的熔深达到板厚的60%~70%。熔深主要靠焊接工艺参数来保证,焊接时可通过观察熔池背面的颜色变化来估计。若为红色或淡黄色(工件越薄,颜色越浅),表示熔深符合要求;若接近亮白色,说明熔深过大,即将烧穿,应立即减小焊接电流或加快焊接速度;若为暗红色或颜色模糊,表明熔深不够,应增加焊接电流或减小焊接速度。

第七章 机械拆装实训

一、实训要求

①了解机械装配及拆卸的基本知识。

②熟悉机械装配及拆卸的基本要求。

③了解常见设备、部件的机械装配及拆卸的过程和方法。

二、相关知识点

1. 装配的概念

按规定的技术要求将若干个合格的零件组合成部件或将若干个零件和部件组合成机器的工艺过程,称为装配。装配是机械产品生产工艺过程的最终工序,是保证产品达到各项性能要求的关键。装配工作的好坏对产品质量起着决定性的作用。装配可分为组件装配、部件装配和总装配。

(1)组件装配

将若干个零件在一个基础件上组合安装成组件。例如,车床主轴箱中的一根传动轴,就是由轴、齿轮和键等零件组合装配而成的。

(2)部件装配

将若干个零件及组件在另一个基础上组合安装成部件。例如,车床主轴箱、进给箱等都是部件。

(3)总装配

将若干个零件、组件和部件组合安装成机器的过程。

2. 装配工艺过程

(1)装配前的准备

①研究装配图及工艺文件、技术资料,了解产品(或机器)的结构及功能,熟悉各零件、组件和部件的作用、相互关系及联接方法。按拆卸可能性和活动情况,零件之间的联接有以下4种形式:

a. 不可拆卸的固定联接,如焊接或铆接的零件。

b. 不可拆卸的活动联接,如滚动轴承滚动体的保持器。

c. 可拆卸的固定联接，如用紧固件固定的各类零件。

d. 可拆卸的活动联接，如转动轴和轴承。

②确定装配方法、步骤，并准备所需的工具。

③清洗待装配的零件，并检查零件的加工质量，对有特殊要求的应作平衡、压力实验等。

(2)装配

装配按组件装配、部件装配、总装配的顺序进行，并完成试车、调整、检验、喷漆及装箱等工作。

(3)调整、检验及试车

①调整零件或机构的相互位置、配合间隙等，使机构或机器工作协调，如轴承间隙、镶条位置、蜗轮轴向位置等的调整。

②检验机构或机器的几何精度及工作精度。例如，车床总装后要检验主轴中心线与床身导轨之间的平行度、中滑板导轨与主轴中心线间的垂直度，以及前后两顶尖的等高等。

③试验机构或机器运转的灵活性、工作温升、振动、密封性、噪声、转速、功率及效率等性能参数是否达到要求。

3. 装配方法

为保证机构或机器的工作性能及精度，在装配中必须达到零件、组件和部件之间规定的装配精度要求。根据产品的结构、生产条件及生产批量的不同，一般可采用互换装配、选择装配、调整装配及修配装配这 4 种装配方法。

4. 对机器装配和拆卸的基本要求

(1)对装配工作的要求

①装配前，检查零件是否合格，并注意零件上的各种标记，防止错装。

②固定联接的零部件，不允许有间隙；活动联接的零部件，在正常的间隙下，能灵活、均匀地按规定方向运动。

③各运动部件的接触表面应有足够的润滑。若有油路，必须畅通。

④各管道及密封部件，装配后不得有渗漏现象。

⑤试车前，应检查各部件联接的可靠性和运动的灵活性；高速运动机构的外表面不得有凸出的螺钉头、销钉头等；检查各种变速或变向机构的操作是否灵活，手柄的位置是否合适等。试车时，应从低速到高速逐步进行，并根据试车情况作必要的调整，以达到规定的要求。

(2)对拆卸工作的要求

①按机械结构的不同，预先考虑或设计好操作程序，以免先后倒置或贪图省事而猛拆猛敲，导致零件变形甚至损坏。

②拆卸顺序与装配顺序相反，一般先拆外部附件，再对总成和部件进行拆卸。拆卸部件或组件时，应按“从外到内”“从上到下”的顺序，依次拆卸。

③拆卸时，使用的工具必须保证对零件不会造成损伤；尽可能使用专门工具，如各种顶拔器、整体扳手等；严禁用手锤直接在零件表面敲击。

④拆卸螺纹联接时，螺纹零件的旋松方向(左旋螺纹或右旋螺纹)应辨别清楚。

⑤拆下的零件、组件和部件应有顺序、有规则地摆放，并在配合件上做好记号，以免混淆。

⑥对丝杠等长轴类零件必须用布包好，并用绳索将其吊起，以防止弯曲变形或碰伤。

三、实训项目

实训一:滑动轴承的装配

滑动轴承的结构形式有整体式、剖分式和内柱外锥式3种。整体式滑动轴承是将一个青铜套压入轴承座内,并用紧固螺钉固定而成,其优点是结构简单,制造容易,但磨损后无法调整轴与轴承间的间隙,常用于低速、轻载、间歇工作的机械上;剖分式滑动轴承由轴承座、轴承盖、剖分轴瓦及螺栓组成;内柱外锥式滑动轴承的组成及结构如图7.1所示。

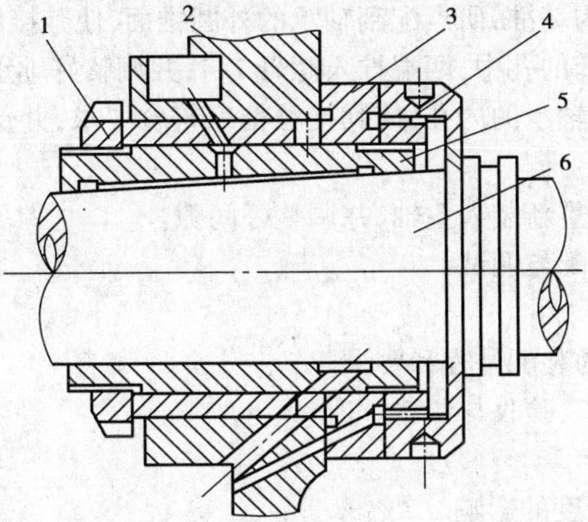

图7.1　内柱外锥式滑动轴承

1—后螺母;2—箱体;3—轴承外套;4—前螺母;5—轴承;6—主轴

1. 实训要求

熟悉轴承装配的技术要求,掌握其装配方法和工艺要领。

2. 装配要求

滑动轴承装配的主要技术要求:在轴颈与轴承之间获得合理的配合间隙;保证轴与轴承表面良好的接触精度,使轴颈在轴承中旋转平稳可靠;润滑油通道位置正确,以保证充分润滑。

3. 装配方法和工艺要领

(1)整体式滑动轴承的装配

①将符合要求的轴套和轴承座孔去毛刺,并清理干净。

②在轴承座孔内涂润滑油。

③压入轴套:根据轴套尺寸和配合时过盈量的大小,采取敲入法或压入法将轴套装入轴承座孔内并固定。

④用铰削或刮削的方法对内孔进行修整、检验,以保证轴颈与轴套之间有良好的间隙配合。

(2)剖分式滑动轴承的装配

1)装配顺序

①将下轴瓦装入轴承座内。

②装垫片。

③装上轴瓦。

④装轴承盖并用螺母固定。

2)操作要领

①上下轴瓦与轴承座及轴承盖之间应接触良好,同时轴瓦的台肩应紧靠轴承座两端面。

②为提高配合精度,轴瓦孔应与轴进行研点配刮。

(3)内柱外锥式滑动轴承的装配(见图7.1)

①将轴承外套压入箱体孔中,其配合为H7/n6。

②用专用心轴研点修刮轴承外套的内锥孔,并保证前后轴承孔同轴度的要求。

③在轴承上钻油孔,注意其位置与箱体、轴承外套油孔相对应,并与自身油槽相接。

④以轴承外套的内孔为基准,研点配刮轴承的外圆锥面,使其接触精度符合要求。

⑤把轴承装入轴承外套的孔中,两端拧入螺母1,4,并调整好轴承的轴向位置。

⑥以主轴为基准,配刮轴承的内孔,使其接触精度符合要求,并保证前后轴承孔的同轴度要求。

⑦清洗轴颈及轴承孔,重新装入主轴,并调整好间隙。

实训二:卧式车床的装配与调试

1. 实训要求

①基本掌握卧式车床的装配过程和要求。

②熟悉卧式车床的试车、验收与调整。

2. 影响装配精度的因素

(1)装配基准对装配精度的影响

以床身导轨面为卧式车床的总装配基准。床身导轨面既是装配技术要求的公共基准,又是检验机床各项精度的检验基准。因此,机床的总装应从床身开始,并保证所选择基面的平面度、平行度和垂直度要求。

(2)零件刚度对装配精度的影响

若零件刚度不够,装配后受到重力和紧固力而产生变形,必须再次校正其精度,合格后才能继续进行其他的装配工序。

(3)工作温度变化对装配精度的影响

装配轴与轴承时,应考虑轴承的间隙会随着温度的变化而变化,如主轴与轴承的间隙;在调整装配间隙时,应考虑轴与轴承在热平衡时的合理间隙,即在机床运动中,其摩擦发热量与散热量相平衡时应具有合理的最小间隙。

(4)磨损对装配精度的影响

装配某些零部件的作用面时,应将易磨损的部位公差带中心坐标适当调整到有利于抵偿磨损的一面,这样可延长机床精度的使用期限。

3. 总装配过程和要求

(1)在床脚上装置床身

床身和床脚是车床总装配时的基准件,其导轨面又是车床装配时的检验基准。因此,总装配时,应从安装床身开始,并保证各导轨面的直线度、相互间的平行度。

装置床身的操作要领如下:

①在床脚上装置床身时,必须先做好结合面的去毛刺及倒角工作,使两零件能平整地结合,并且对整个结合面应做防漏措施。

②对已达到精度的床身,在床脚下应安装可调节的垫铁,并调整各垫铁直至床身处于自然

水平位置(可用水平仪检测)。

(2)滑板配刮与拼装

①滑板部件是保证刀架直线运动的关键。将床鞍放在床身导轨上,使刀架下滑座和中滑板的燕尾导轨表面进行配刮,以保证刀架在横向进给时的要求;再与床身导轨面配刮床鞍下导轨面,以保证刀架在纵向进给时的要求。

②滑板与床身导轨的拼装,主要是刮研床身的下导轨面及配刮床鞍两侧压板;保证床身上下导轨面的平行度,以达到溜板与床身导轨在全长上能均匀结合且平稳地移动。对床鞍与床身导轨面的刮削要求,应使其接触点在两端 25 mm × 25 mm 面积内不少于 10 ~ 12 个点,这样可得到较好的接触和良好的储油条件。

(3)安装溜板箱

将溜板箱与床鞍结合,保证溜板箱和开合螺母轴心线与床身导轨的平行度及溜板箱横向进给传动齿轮副的啮合侧隙。溜板箱的预装精度校正后,待进给箱、丝杠后支架位置校正后再钻削、铰削溜板箱定位孔,最后配锥销。

(4)安装齿条

①安装齿条时,应保证齿条与溜板箱小齿轮正确啮合,其正常啮合侧隙为 0.08 mm。由于齿条加工工艺的限制,齿条由几根拼装而成。因此,为保证相邻齿条接合处的齿距精度,拼装时,应用标准齿条进行跨接校正,并在齿条的结合面之间留 0.5 mm 左右的间隙。

②齿条安装后,必须在溜板行程的全长上检查纵向进给小齿轮与小齿条的啮合间隙,并且间隙要一致;每条齿条都配两个定位销钉,以确定其安装位置。

(5)安装进给箱与后托架

安装进给箱与后托架主要是保证进给箱、溜板箱及后支架上安装丝杠的三孔之间的同轴度,并保证丝杠与床身导轨的平行度。待安装调整合格后,即配定位销钉,以保持其精度。

(6)安装主轴箱

主轴箱是以其底平面和凸块侧面与床身主轴箱安装面接触来保证正确安装位置的。主轴箱的底平面是用来控制主轴轴线与床身导轨在竖直平面内的平行度;凸块侧面是控制主轴轴线在水平面内与床身导轨的平行度。安装时,按如图 7.2 所示进行测量和调整。主轴孔中插入检验心轴,将百分表座固定在刀架下滑座上,分别在上素线和侧素线上测量。百分表在全长范围内的读数差就是平行度误差值。

1)安装要求

上素线平行度为 0.03/300 mm,只需检验心轴外端向上抬起(俗称抬头),若超差,可刮削主轴箱底平面;侧素线平行度为 0.015/300 mm,只需检验心轴偏向操作者方向,超差时,通过刮削凸块侧面来满足要求。

2)测量和调整时的注意事项:

①检验心轴在插入主轴锥孔前,应先检查其锥面配合精度,要求锥孔与心轴接触点在 50% 以上,并且大端接触点多。

②要消除检验心轴本身的误差对测量精度的影响。测量时,旋转主轴 180°作两次测量,其两次测量结果的代数和的 1/2,即为平行度误差。

③超差时,只能通过刮研主轴箱相应的接触面来修正,切忌图方便刮削床身相应的联接面。

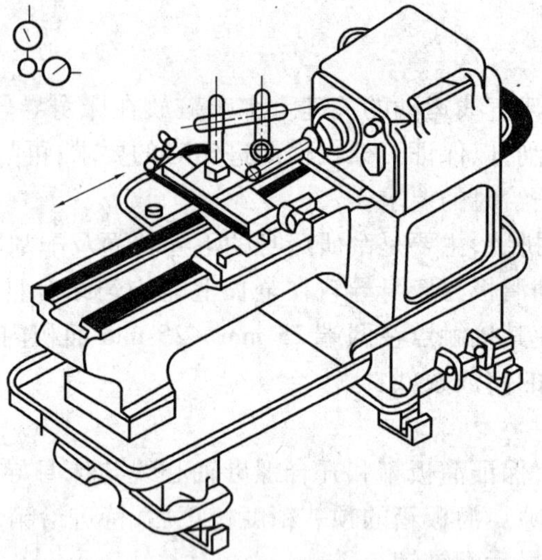

图 7.2　主轴轴线与床身导轨平行度测量

④在确定主轴中心线相对于床身导轨的高度时,应预留出尾座的高度调整余量,以避免调整尾座时因余量不足而重新调整主轴箱的安装高度。

(7)安装尾座

①将尾座部件安装在床身上,测量尾座的以下两项精度。

a.床鞍移动轨迹对尾座套筒伸出部分轴线的平行度,其测量方法如图 7.3(a)所示。将顶尖套筒伸出尾座体 100 mm,并与尾座体锁紧;移动床鞍,使固定在其上的百分表触头分别触于顶尖套筒的上素线和侧素线上,百分表在 100 mm 内的读数差,即为平行度误差。该项精度要求上素线平行度允差为 0.01/100 mm,侧素线平行度允差为 0.03/100 mm。

b.床鞍移动轨迹对尾座套筒锥孔中心线的平行度,其测量方法如图 7.3(b)所示。在尾座套筒内插入检验心轴(测量长度 300 mm),尾座套筒退回尾座体内并锁紧;移动床鞍,使固定在其上的百分表触头分别触于检验心轴的上素线和侧素线上,百分表在 300 mm 内的读数差,即为平行度误差。该项精度要求上素线平行度允差为 0.03/300 mm,侧素线平行度允差为 0.03/300 mm。为了消除检验心轴本身误差对测量的影响,一次检验后,将检验心轴退出,转 180°后再插入,重复检验一次,两次测量结果代数和的 1/2,即为该项实际误差值。

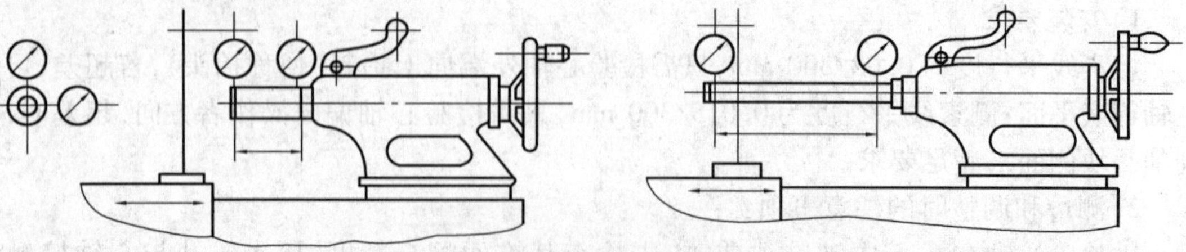

(a)　　　　(b)

图 7.3　顶尖套筒轴线对床身导轨的平行度测量

校正尾座精度时,可刮研底板的下导轨面或尾座与底板的联接面,或在刮配尾座底板时同时进行上述测量,并根据测量结果,有针对性地修刮尾座底板的下导轨面。这样,不但保证了它与床身导轨的配合,而且达到了以上规定的平行度要求。

②保证主轴锥孔中心线和尾座套筒锥孔中心线对床身导轨的等高度允差。其允差值一般为0.04 mm，而最大回转直径大于800 mm时，等高度允差值为0.06 mm。注意，在检验等高度允差时，只许尾座高于主轴箱。

(8)安装刀架

将小刀架部件装配在刀架下滑座上，通过调整和刮削小刀架的小滑板与刀架下滑座的结合面，保证其对主轴中心线的平行度允差为0.04 mm(测量长度300 mm)。

(9)安装丝杠、光杆

安装丝杠、光杆应保证其与开合螺母闭合后，丝杠的上素线和侧素线与床身导轨的等距度；同时，还应保证丝杠轴向窜动误差不得超过0.015 mm。

(10)安装其他部件

①安装电动机，并调整好V带中心平面的位置精度及其预紧程度。

②安装交换齿轮架及其安全防护装置。

③安装操纵机构与主轴箱的传动、联接系统。

④安装电器系统和冷却系统。

4. 试车和验收

车床总装配后，须试车和验收。试车验收包括空运转试验、负荷试验、工作精度检验，以及检验机床各零部件的工作性能和精度，并通过调整使其符合要求。

(1)空运转试验

空运转试验是指机床在不受切削负荷的状态下进行运转试验，以发现机床在运动中可能出现的故障，并在运动中对机床进行必要的调整，为其后的负荷试验及工作精度检验作准备。试验前，应对机床进行清洗，并注好润滑油，检查各联接部分是否紧固，将机床调整至水平位置。

空运转试验具体操作要领如下：

①机床主运动机构从最低转速起，依次升速运转。在最高转速时，应运转足够时间(不少于0.5 h)，使主轴轴承达到稳定温度。

②机床的进给机构进行低、中、高进给量的空运转。在空运转中，应达到以下要求：

a. 在所有转速下，机床的传动机构工作正常，无显著振动，各操纵机构工作平稳可靠。

b. 润滑系统正常可靠。

c. 安全保护装置和保险装置安全可靠。

d. 在主轴轴承达到稳定温度时，轴承的温度和温升均不得超过：滑动轴承温度60 ℃，温升30 ℃；滚动轴承温度70 ℃，温升40 ℃。

(2)负荷试验

机床负荷试验的目的是考核机床主传动系统能否承受设计所允许的最大转矩和功率。在机床空运转后，根据说明书规定的切削规范，采用强力切削外圆进行试验。在负荷试验时，机床所有机构均应正常工作。机床的负荷试验包括以下内容：

①机床主运动系统允许的最大转矩或最大主切削分力试验。

②机床主运动系统短时间超过最大转矩25%或最大主切削分力的试验。

③机床主运动系统达到最大功率试验。

④重型机床的最大静负荷试验。

⑤其他应按机床说明书的规定和实际需要确定机床负荷试验的内容。

(3)工作精度检验

机床工作精度检验主要包括精车外圆的圆度和圆柱度试验、精车端面的平面度试验和精车螺纹试验、车槽试验等。

①精车外圆的圆度和圆柱度试验

其目的是检验机床在正常工作温度下,机床主轴中心线与床鞍移动方向是否平行,主轴旋转精度是否合格。

②精车端面的平面度试验

其目的是检验机床在正常工作温度下,刀架横向移动轨迹对主轴轴线的垂直度和横向导轨的直线度精度。

③精车螺纹试验

其目的是检查加工螺纹时传动系统的准确性。

④车槽试验

其目的是考核车床主轴系统及刀架系统的抗振性能。

(4)几何精度检验

在上述各项试验完成后,机床处于热平衡状态下,应根据机床几何精度的验收标准进行全面检验。在精度检验过程中,不可对影响精度的机构或零部件进行调整;否则,需要对检验过的有关项目重新试验。同时,在复验前,还要进行机床的空运转试验,使其达到稳定温度。

参考文献

[1] 颜伟. 数控加工技术[M]. 成都:西南交通大学出版社,2007.
[2] 颜伟. 金工实训[M]. 北京:北京理工大学出版社,2011.
[3] 冀秀焕. 金工实习教程[M]. 北京:机械工业出版社,2009.
[4] 杨若凡. 金工实习[M]. 北京:高等教育出版社,2004.
[5] 陈于萍. 互换性与测量技术[M]. 北京:高等教育出版社,2002.
[6] 陆剑中. 金属切削原理与刀具[M]. 北京:机械工业出版社,2001.
[7] 李华. 机械制造技术[M]. 北京:高等教育出版社,2000.
[8] 孙燕华. 先进制造技术[M]. 西安:电子科技大学出版社,2006.
[9] 颜景平. 机械制造基础[M]. 北京:中央广播电视大学出版社,1995.
[10] 张晋礼. 机械加工设备[M]. 北京:机械工业出版社,1999.
[11] 京玉海. 机械制造基础[M]. 北京:清华大学出版社,2004.
[12] 黄克进. 机械加工操作基本训练[M]. 北京:机械工业出版社,2004.
[13] 单珊珊. 金属切削车床概论[M]. 北京:机械工业出版社,2002.
[14] 乐齐华. 工程材料及成形工艺基础[M]. 西安:西北工业大学出版社,2002.
[15] 严绍华. 材料成形工艺基础[M]. 北京:清华大学出版社,2001.
[16] 邓文英. 金属工艺学[M]. 北京:高等教育出版社,1990.